LE COMPOST

POURQUOI ? COMMENT ?

Autres livres de Lili Michaud :

Le jardinage éconologique. Quand économie rime avec écologie
Éditions MultiMondes, 2004, 200 pages, ISBN 978-2-89544-056-7

Tout sur le compost. Le connaître, le faire, l'acheter et l'utiliser
Éditions MultiMondes, 2007, 228 pages, ISBN 978-2-89544-106-9

Guide de l'eau au jardin
Éditions MultiMondes, 2011, 168 pages, ISBN 978-2-89544-177-9

Mon potager santé. Cultivez vos légumes en pleine terre ou en pots
Éditions MultiMondes, 2013, 388 pages, ISBN 978-2-89544-457-2

Les fines herbes. De la terre à la table
Éditions MultiMondes, 2015, 372 pages, ISBN 978-2-89544-489-3

LILI MICHAUD

LE COMPOST

POURQUOI ? COMMENT ?

ÉDITIONS
MULTIMONDES

Catalogage avant publication de Bibliothèque et Archives nationales du Québec et Bibliothèque et Archives Canada

Michaud, Lili

[Tout sur le compost]
Le compost : pourquoi ? comment ?

2e édition revue et augmentée.

Publié antérieurement sous le titre : Tout sur le compost. c2007.
Comprend des références bibliographiques et un index.

ISBN 978-2-89544-547-0

Les Éditions MultiMondes bénéficient du soutien financier du gouvernement du Québec par l'entremise du programme de crédit d'impôt pour l'édition de livres et de la Société de développement des entreprises culturelles du Québec (SODEC). L'éditeur remercie également le Conseil des arts du Canada de l'aide accordée à son programme de publication.

Financé par le gouvernement du Canada
Funded by the Government of Canada | Canada

Édition : Lise Morin

Conception de la maquette : René St-Amand

Mise en page : Emmanuel Gagnon

Graphisme de la couverture : René St-Amand

Photographie de la couverture : cjp, iStockphoto

Photographie de l'auteure : Christyna Mérette

ISBN version imprimée : 978-2-89544-547-0
ISBN version numérique (PDF) : 978-2-89544-696-5

Dépôt légal : 2e trimestre 2016
Bibliothèque et Archives nationales du Québec
Bibliothèque et Archives Canada

Diffusion/distribution au Canada :
Distribution HMH
1815, avenue De Lorimier
Montréal (Québec) H2K 3W6
www.distributionhmh.com

Diffusion/distribution en Europe :
GEODIF
1, rue Thénard
75005, Paris, France
geodif@eyrolles.com

Imprimé au Canada

www.multim.com

À Nanou,
qui m'a offert le plus beau cadeau qu'une mère puisse espérer (depuis la première édition).

REMERCIEMENTS

Cet ouvrage n'aurait pu voir le jour sans la participation de plusieurs personnes. J'aimerais adresser un sincère merci à :

Marie Simard, ma fidèle amie qui m'a prouvé une fois de plus sa grande générosité et son remarquable perfectionnisme en révisant scrupuleusement mes textes. Marie, je m'incline devant la capacité de tes yeux de lynx à déceler les puces de mes textes et ta grande patience pour me répéter certaines règles de grammaire.

Louise Hénault-Ethier, celle que je qualifie de spécialiste des matières organiques, dont les commentaires constructifs ont contribué à élever la qualité scientifique de cet ouvrage. Merci Louise, pour ton professionnalisme, pour tes photos et pour m'avoir ouvert à l'entotechnologie.

Édith Smeesters, biologiste de renom dont les actions ont contribué à l'avancement des pratiques écologiques au Québec. Merci, Édith, d'avoir commenté la plupart de mes ouvrages, dont la première édition de celui-ci.

Annie Charbonneau, ma chère nièce, qui a trouvé le temps de lire et de commenter mes écrits de la première édition et qui demeure (enfin, je l'espère) une de mes plus grandes admiratrices.

Anne-Hélène Michaud Deschênes (Nanou), ma fille, qui s'est prêtée au rôle de figurante et qui m'a même autorisée à utiliser son plus grand trésor (et le mien) comme figurant.

Denis Michaud, mon frère, dont j'ai « exploité » les talents de bricoleur pour mon projet de fabrication de composteur.

Paul Gamache, celui avec qui j'ai la chance de partager ma vie depuis maintenant 25 ans. Merci, Paulo, de me soutenir dans mes projets tout en me mettant en garde contre mon dynamisme quand j'oublie de respirer.

Toute l'équipe des Éditions MultiMondes pour la confiance que l'on m'accorde pour la septième fois (si je calcule les deux rééditions). Un merci tout particulier à Jean-Marc Gagnon et à Lise Morin avec qui j'ai la chance de travailler depuis douze ans. Cher Jean-Marc, je me rappellerai toujours notre première rencontre alors que je te présentais mon projet d'écriture *Le jardinage éconologique*. Tu l'avais accueilli avec beaucoup de respect et d'enthousiasme, puis tu m'avais montré ton compost… Quelle surprise, un éditeur qui fait du compost ! Dès ce jour, j'ai su que j'avais frappé à la bonne porte et que nous partagions les mêmes valeurs. Et toi Lise, que je surnomme affectueusement ma sage-femme, je ne saurai jamais assez te remercier pour la très grande patience et le calme dont tu as toujours fait preuve lorsque venait le temps de m'assister dans l'accouchement de mes bébés (l'édition des mes ouvrages). Pour vous deux, c'est le moment d'une retraite bien méritée. Je vous la souhaite saine, douce et harmonieuse, mais surtout à la hauteur des personnes de grande valeur que vous êtes.

Enfin, j'aimerais remercier les milliers de personnes qui ont participé aux conférences que j'ai présentées ces dernières années. Par l'intérêt que vous avez manifesté et vos questions pertinentes, vous m'avez aidée à faire de cet ouvrage un outil de référence toujours plus complet.

Il y a un peu de vous tous et toutes dans cet ouvrage. Merci beaucoup !

Lili Michaud

TABLE DES MATIÈRES

LISTE DES FIGURES

LISTE DES TABLEAUX

INTRODUCTION

Lors de sa sortie en 2007, mon livre *Tout sur le compost* a reçu un accueil très favorable et l'intérêt pour cet ouvrage n'a pas cessé depuis. Il refait peau neuve sous un nouveau nouveau nom *Le compost: pourquoi, comment?* Avec plus de contenu, plus de photos, plus de réponses à vos questions. Bref, l'ouvrage de vulgarisation que vous tenez entre vos mains saura répondre à la majorité de vos interrogations en matière de compost et de compostage, et ce, que vous choisissiez de faire votre propre compost ou que vous confiiez cette tâche à d'autres.

Même si je fais du compost depuis de nombreuses années, je suis toujours fascinée par ce formidable processus. Voir se transformer sous mes yeux des matières organiques, que l'on considère le plus souvent comme des déchets, en un amendement de grande qualité, qu'est le compost, relève presque de la magie. Pourtant, tout s'explique. Lorsqu'elles sont mal gérées, les matières organiques nuisent à la santé de notre belle planète. Au contraire, lorsqu'elles sont valorisées par le compostage, il en résulte un amendement de grande qualité et très utile à la santé de nos sols.

À PROPOS DES RUDOLOGUES

Selon Wikipédia, la rudologie (du latin *rudus* qui signifie déchets) est l'étude systématique des déchets, des biens et des espaces déclassés. C'est le métier des personnes qui étudient les déchets et leurs aspects économiques, techniques et environnementaux.

Quand j'ai commencé à partager ma passion du compost, il y a une vingtaine d'années, les rudologues étaient rares et j'arrivais difficilement à intéresser quelques marginaux. Heureusement, les temps ont changé. La mauvaise réputation du compostage souvent occasionnée par le manque de connaissance a fait place progressivement à une certaine curiosité et même à un engouement. Aujourd'hui, il n'est plus rare de rencontrer des personnes qui font du compost ou qui participent à la collecte des matières organiques de leur municipalité. Bref, la popularité du compostage est en croissance. De fait, il s'agit de la méthode par excellence pour valoriser les matières organiques qui constituent 47 % de nos matières résiduelles (nos déchets). Ces dernières doivent absolument être détournées des lieux d'enfouissement et des incinérateurs où elles causent d'importants dommages à l'environnement. C'est même devenu un enjeu de taille dans la lutte contre les changements climatiques, un problème mondial que plus personne ne peut contester.

Dans le premier chapitre, vous ferez connaissance avec le vocabulaire du compost et du compostage, les avantages du compostage, les différentes techniques de compostage et les organismes qui participent à la décomposition.

Le chapitre 2 vous apportera des informations détaillées concernant chacun des matériaux susceptibles ou non d'être valorisés par les différentes méthodes de compostage présentées. D'ailleurs, vous adopterez sans doute le tableau des différents matériaux comme outil de référence pratique.

Comme dans la première édition, une place de choix est consacrée au compostage domestique dans le chapitre 3. Vous apprendrez les rudiments de cette pratique qui demeure la méthode de compostage la plus « éconologique » (économique et écologique) qui soit. De fait, parce que le compostage domestique permet de valoriser les matières organiques sur place, cela évite de dépenser de l'énergie et de l'argent pour transporter et valoriser ces matières ailleurs. Et c'est sans compter la pollution et les problèmes de bruits et de poussière engendrés par le transport de ces matières par camion. D'autre part, en fabriquant son propre compost, on économise sur l'achat de compost commercial. Enfin, parce que l'on contrôle les intrants, on s'assure ainsi de la qualité du produit final.

Les plus curieux trouveront dans le chapitre 4, qui traite du compostage de moyen et grand volume, des notions plus avancées qui leur permettront de passer à l'action et ainsi de composter des quantités plus imposantes que ceux du compostage domestique. D'autres profiteront de ces connaissances pour comprendre comment sont valorisées les matières organiques qu'ils déposent à la collecte municipale. Ils apprendront par exemple que le compostage de grand volume doit comporter une phase thermophile (haute température) afin d'assainir certains matériaux tels que les plantes malades, les excréments d'animaux et les résidus alimentaires d'origine animale.

Ceux qui ne craignent pas d'avoir des petits animaux domestiques de forme allongée dans la maison seront sans doute attirés par le chapitre 5 qui traite du vermicompostage, une méthode qui permet de composter les résidus de cuisine à l'intérieur, à l'aide de petits vers rouges.

Le chapitre 6 saura vous éclairer quand viendra le moment d'acheter du compost. Vous y trouverez les avantages et les inconvénients de différents composts et les caractéristiques à rechercher.

Que vous produisiez votre propre compost ou que vous l'achetiez, vous découvrirez dans le chapitre 7 quelles sont les propriétés si extraordinaires qui en font « l'or brun du jardin ». En outre, vous apprendrez quand et comment utiliser le compost pour profiter pleinement de ses qualités.

Dans le chapitre 8, vous aurez droit à la recette du thé de compost, très utile afin de compléter les apports de compost.

Enfin, les bricoleurs seront heureux de découvrir en annexe, le plan détaillé du composteur de bois double LM.

Tout au long de cet ouvrage, je répondrai à plusieurs questions que vous avez peut-être en tête, telles que :

- Comment le fait de faire du compost peut-il avoir un impact sur les changements climatiques ?
- Pourquoi le compostage domestique peut-il être complémentaire à la collecte des matières organiques municipales ?
- Comment prévenir les odeurs désagréables dans le compostage domestique ?
- Comment faire la différence entre un produit utile et un gadget ?

Comprendre comment des matières considérées comme des déchets se transforment en un amendement de sol de grande valeur que l'on surnomme *l'or brun* est intéressant. Le voir est une expérience fascinante. C'est ce que je vous invite à découvrir dans cet ouvrage. Bonne lecture !

Lili Michaud

Pour plus d'informations au sujet de l'auteure : www.lilimichaud.com

CHAPITRE 1

LE COMPOST ET LE COMPOSTAGE :

QUOI, POURQUOI, COMMENT ?

Valoriser des matériaux que l'on considère trop souvent comme des déchets en les transformant en un véritable « or brun » n'est plus l'apanage de quelques marginaux, comme c'était le cas il y a une trentaine d'années. Bien au contraire, dans un contexte où les conséquences des changements climatiques sont de plus en plus inquiétantes, il est devenu urgent de repenser notre façon de gérer les matières résiduelles. Dans ce sens, le compostage est un incontournable. Et pour cause, les matières compostables (aussi appelées matières organiques ou matières putrescibles) constituent 47 % du volume des matières résiduelles domestiques, et le compostage permet de transformer ces matières en un amendement indispensable pour le sol, pour la santé des végétaux et par ricochet, pour la nôtre. Mais il ne faut pas croire que cette méthode est nouvelle, puisque les Chinois appliquaient les principes de compostage 500 ans avant J.-C. D'ailleurs, les humains d'aujourd'hui ne peuvent se vanter d'avoir inventé le compostage. En fait, les premiers humains à pratiquer le compostage ont d'abord observé le processus naturel de décomposition de la matière organique, puis ils ont imité la nature en ajoutant quelques astuces dans le but d'obtenir plus rapidement le produit final : le compost.

QUE SONT LE COMPOSTAGE ET LE COMPOST ?

Bien qu'il existe de nombreuses définitions scientifiques du compost et du compostage, voici les plus simples.

Compostage : processus de décomposition biologique contrôlée de la matière organique dans un milieu aérobie (en présence d'oxygène).

LA DÉCOMPOSITION DES MATIÈRES ORGANIQUES EN MILIEU NATUREL

Dans un milieu naturel, telle une forêt où l'humain intervient peu ou pas, il s'opère un processus de décomposition naturelle de la matière organique. En fait, lorsque les feuilles des arbres tombent au sol, elles se mélangent avec les plantes mortes, les excréments, les insectes et les animaux morts. Tous ces éléments se dégradent sous l'action des organismes décomposeurs. Cette décomposition se déroule, la plupart du temps, sur de nombreuses années. Le résultat est un terreau naturel, appelé humus, qui servira entre autres de nourriture pour les plantes.

Compost: résultat du compostage. Il s'agit d'un composé stable, comparable à l'humus en nature.

Pour mieux comprendre ces définitions, prenons le temps d'en analyser les principales composantes.

La **matière organique** représente la matière principale dont sont composés à plus de 95 % tous les organismes vivants, dont les humains, les animaux, les plantes, les insectes, les poissons, les algues, etc. La matière organique est pratiquement synonyme de matière vivante. Toutefois, comme nous le verrons dans le prochain chapitre, selon le procédé de compostage utilisé, certaines matières organiques peuvent être utilisées, alors que d'autres doivent être écartées. D'où l'utilisation du terme « matière compostable » spécifique aux matières organiques pouvant être traitées par cette technologie.

La **décomposition biologique** est l'œuvre d'un ensemble d'organismes vivants (micro-organismes, vers de terre, etc.) qui participent à la dégradation des matières organiques (voir prochaine section). Cette décomposition s'opère de façon naturelle, qu'on le veuille ou non (voir encadré).

La **décomposition contrôlée** s'opère selon le modèle de la décomposition biologique naturelle, c'est-à-dire que les mêmes processus biochimiques sont à l'œuvre. Cependant, des pratiques particulières permettent de contrôler la décomposition de la matière organique dans le but de l'accélérer, l'objectif étant de produire plus rapidement ce formidable amendement qu'est le compost. Dans le chapitre 3 traitant du compostage domestique, nous verrons quels sont les différents facteurs qui favorisent le travail des organismes décomposeurs, mais parmi les plus importants, citons l'oxygène et l'eau.

Un **milieu aérobie** se caractérise par la présence d'oxygène. Dans un tel milieu, les organismes vivants responsables de la décomposition (principalement les bactéries) sont favorisés. Par opposition, dans un milieu anaérobie (où il y a absence d'oxygène), la décomposition de la matière organique (il s'agit en fait d'une fermentation) favorise d'autres organismes qui sont susceptibles de générer des problèmes d'odeur et des GES (gaz à effets de serre) lorsque le processus de décomposition n'est pas contrôlé. Ce n'est heureusement pas le cas dans le processus de biométhanisation.

Le **compost** est un composé stable, comparable à l'humus. Tout comme ce dernier, il ne subit que très peu de décomposition lorsqu'il est à maturité. Ainsi, les éléments nutritifs du compost peuvent être libérés lentement dans le sol, et ce, sans danger pour les plantes et pour l'environnement.

LES ORGANISMES DÉCOMPOSEURS

Le compost est un milieu de vie dans lequel entre en jeu une grande diversité d'organismes vivants. Ceux-ci se divisent en deux groupes : les micro-organismes et les macro-organismes. Selon les conditions du milieu (oxygénation, teneur en eau, température, pH, matières nutritives) et la phase de décomposition du compost, les différents organismes agissent ensemble ou successivement suivant leur fonction respective. Alors que les représentants de la microfaune ont une action chimique sur les matériaux, la majorité des macro-organismes décomposent physiquement les matières en les creusant, les grignotant, les mastiquant, les digérant, les suçant et les brassant. Le ver de terre fait exception puisqu'il a une action à la fois physique et chimique.

LES MICRO-ORGANISMES

Les micro-organismes sont les organismes les plus actifs dans le processus de décomposition. Ces êtres sont microscopiques et il n'est pas possible de les voir à l'œil nu. Les principaux micro-organismes qui interviennent dans la décomposition de la matière organique sont les bactéries et les champignons.

LES BACTÉRIES

Les bactéries sont des organismes unicellulaires très diversifiés, non seulement par leur taille et leur forme, mais aussi par leur capacité à s'attaquer à différentes matières. Elles sont très abondantes dans la matière organique en décomposition. D'ailleurs, selon certains auteurs (Mustin, 1987), les bactéries seraient responsables de 80 à 90 % de l'activité microbienne lors du compostage actif. Pas étonnant puisque les bactéries ont absolument besoin d'azote et de carbone qu'elles trouvent abondamment dans la matière organique. De plus, les bactéries ont des goûts très diversifiés, ce qui leur permet d'envahir, de digérer et d'assimiler des matières organiques diverses, parfois en s'attaquant aux différents substrats les uns à la suite des autres, selon leurs spécialités métaboliques, et ce, jusqu'à ce que les différents stades du compostage aient été franchis. De plus, lorsque l'environnement est favorable, les bactéries se multiplient très rapidement.

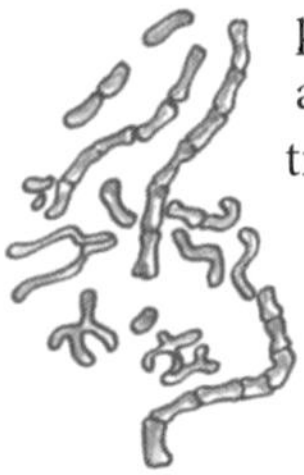

LES ACTINOMYCÈTES

Les actinomycètes sont des micro-organismes qui possèdent des caractéristiques rappelant à la fois les bactéries et les champignons, car si leur structure unicellulaire ressemble aux bactéries en forme de bâtonnets, elles peuvent aussi s'assembler en colonies filamenteuses comme les champignons (voir plus bas). C'est pourquoi les scientifiques se sont longtemps interrogés sur leur appartenance. On sait aujourd'hui que les actinomycètes appartiennent au groupe des bactéries. Ce sont en quelque sorte des bactéries filamenteuses. En nombre, les actinomycètes arrivent en deuxième position après les bactéries dans le compost. Les actinomycètes semblent gagner de l'importance durant le processus de maturation du compost, car même si elles peuvent compétitionner durant le compostage actif, elles ont un avantage net en fin de processus lorsque les matières organiques sont stabilisées et qu'il ne reste que des substances plus récalcitrantes à la décomposition dont est constitué principalement le bois. Enfin, ce sont les actinomycètes qui confèrent au compost sa bonne odeur de sous-bois.

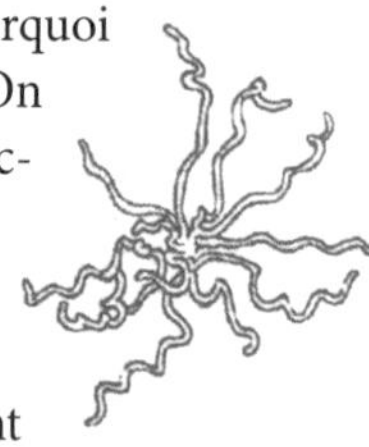

LES CHAMPIGNONS

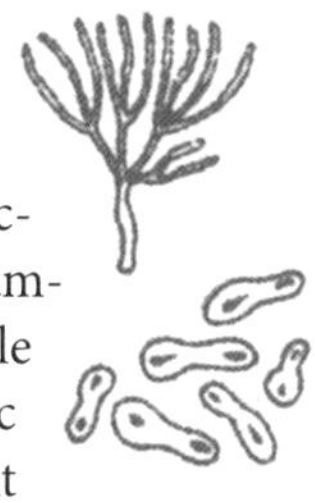

La plupart des champignons sont des organismes pluricellulaires (plusieurs cellules) constitués la plupart du temps d'un ensemble de filaments qu'on appelle le mycélium. Certains champignons sont unicellulaires; c'est le cas des levures. Bien que les champignons soient moins diversifiés que les bactéries, ils représentent une masse plus importante dans le compost. Les champignons se nourrissent de matériaux morts ou en décomposition. Dans le compost, ils apparaissent dès le début du processus de décomposition, avec les levures qui colonisent naturellement les fruits. Ensuite, ils interviennent principalement après les bactéries qui auront exposé les parties que ces dernières ont de la difficulté à dégrader, comme la lignine. Ils n'apprécient pas les températures extrêmes, ce qui explique leur présence en périphérie du compost. Contrairement aux bactéries, les champignons ont la capacité de se développer lorsque les conditions d'humidité sont minimales. De plus, ils tolèrent une large gamme de pH. Il est possible de voir apparaître en surface des fructifications macroscopiques en forme de chapeau (ce qu'on appelle couramment les champignons). Ceux-ci sont la manifestation externe du mycélium microscopique présent à l'intérieur du compost.

LES MACRO-ORGANISMES

Les macro-organismes qui participent à la décomposition de la matière organique sont visibles à l'œil nu. On en trouve plusieurs espèces qui sont membres des groupes suivants : les lombrics, les insectes, les acariens, les gastéropodes, les myriapodes, les crustacés et les nématodes. Ils interviennent dans le processus de compostage lorsque la température n'est pas trop élevée. C'est pourquoi on les trouve davantage dans les procédés de compostage qui entraînent peu d'élévation de température tels que le compostage domestique et le vermicompostage.

Bien que certains macro-organismes soient parfois considérés comme des ravageurs au jardin (les limaces par exemple), leurs actions conjointes sont souvent importantes dans le processus de compostage, principalement dans le cas du compostage domestique. Par contre, si une espèce domine, ce pourrait être le symptôme d'un déséquilibre dans les intrants ou les pratiques (voir chapitre 3 *Le compostage domestique*).

LES LOMBRICS

Les lombrics, communément appelés vers de terre, sont les macro-organismes du compost dont l'action est importante, particulièrement dans le cas du compostage domestique et du vermicompostage. Les vers digèrent la matière organique ainsi que les micro-organismes qui la colonisent. Certaines bactéries pourraient se trouver favorisées après le passage dans leur tractus intestinal. Sinon, l'action des vers peut aussi rendre le substrat plus digestible pour les micro-organismes. Pour ces raisons, le ver est un élément clé des systèmes de compostages, pour peu que ces systèmes ne chauffent pas trop. Les excréments des vers contribuent à favoriser un milieu idéal pour les activités des micro-organismes. De plus, les vers creusent des tunnels qui favorisent le processus de décomposition en améliorant les conditions d'aération. Il existe plusieurs espèces de vers, dont les deux plus communes sont le ver de terre *(Lombricus terrestris)* et le ver de fumier (*Eisenia fœtida*). Les deux espèces digèrent la matière organique, mais le ver de fumier remporte la palme dans ce domaine alors que le ver de terre est plus efficace en tant que laboureur. Vous aurez l'occasion de faire plus ample connaissance avec les vers dans le chapitre 5 qui traite du vermicompostage.

Le ver de terre *Lumbricus terrestris.*

LES INSECTES

Parmi les arthropodes (animal ayant un squelette externe segmenté), on dénombre plusieurs insectes qui sont associés au compostage, mais également des collemboles (bien qu'ils aient six pattes, les collemboles ne sont pas groupés dans la famille des insectes par les scientifiques) qui participent à la décomposition durant tout le processus de compostage. Ils se nourrissent principalement de champignons, bien qu'ils dévorent aussi des nématodes et des acariens et mangent des plantes en décomposition. On retrouve en outre des insectes de la famille des coléoptères, dont plusieurs sont insectivores et s'attaquent aux limaces. C'est le cas des carabes qui agissent aussi comme décomposeurs. Les perce-oreilles, de la famille des forficulidae, peuvent eux aussi se retrouver dans les composts, car ils apprécient les fruits et légumes très mûrs et sont des prédateurs généralistes s'attaquant à plusieurs invertébrés présents dans nos jardins. Des insectes de la famille des diptères, les mouches en fait, peuvent être présents. Certaines mouches s'appliquent à leur tâche de décomposition avant même qu'on ne mette les rebuts au compost (pensez aux mouches à fruits qui volent parfois dans nos cuisines dans tous les sens). Nous y reviendrons au chapitre 3.

LES ACARIENS

Les acariens sont ronds et comportent quatre paires de pattes (contrairement aux insectes qui en ont trois). Ils peuvent être blancs, rouges ou bruns et ressemblent à de minuscules araignées qu'il est possible de voir à l'œil nu à la condition d'avoir de bons yeux. Il existe une grande diversité d'acariens. Ils ont des comportements et des habitudes alimentaires diversifiés, mais dans le compost, les acariens se nourrissent principalement de levures. En général, les acariens font partie de l'écosystème normal de la décomposition.

LES GASTÉROPODES

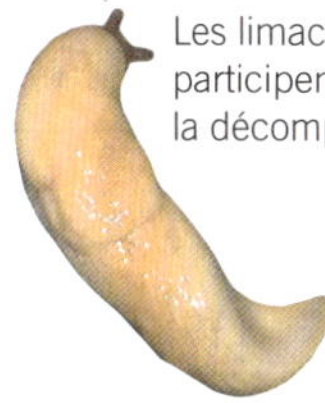

Les limaces participent à la décomposition.

Les gastéropodes, tels les limaces et les escargots, ne s'attaquent pas qu'aux plantes vivantes. Ils peuvent également s'intéresser aux débris végétaux. C'est pourquoi on peut les retrouver dans le compost. Avec leur langue abrasive, ils contribuent à exposer davantage les végétaux aux attaques des micro-organismes.

Les centipèdes s'attaquent à la matière organique en décomposition.

LES MYRIAPODES

Dans le groupe de myriapodes, il y a les millipèdes (mille-pattes) et les centipèdes (scolopendres). Les millipèdes n'ont pas réellement mille pattes, mais ils ont deux paires de pattes par segment, qui sont courtes. Lorsqu'ils sont dérangés, ils s'enroulent sur eux-mêmes. Les centipèdes possèdent une paire de pattes par segment et ces dernières sont longues. D'ailleurs, lorsqu'on surprend les centipèdes, ils se sauvent très rapidement… à toutes jambes. Les millipèdes et les centipèdes s'attaquent à la matière organique en décomposition, mais ces derniers sont aussi des prédateurs redoutables, pour les limaces notamment.

LES CRUSTACÉS

Les cloportes sont les principaux crustacés terrestres qui interviennent dans le processus de décomposition. Ils possèdent un corps ovale et aplati, formé de segments distincts ainsi que sept paires de pattes. Dans le compost, les cloportes se nourrissent de matériaux ligneux pourris et d'autres tissus végétatifs coriaces, comme les nervures des feuilles. Ils sont très actifs dès les premiers stades de décomposition et ont besoin d'un milieu humide pour proliférer.

LES NÉMATODES

Les nématodes sont de minuscules vers non segmentés qui ont des préférences alimentaires très variées. Alors que certains se nourrissent de matière organique en décomposition, d'autres sont prédateurs d'insectes, de bactéries et de champignons. Certains nématodes sont considérés comme nuisibles puisqu'ils s'attaquent aux racines des plantes, tandis que d'autres sont volontairement introduits dans les cultures pour contrôler des ravageurs. Les nématodes interviennent à un stade avancé du compost, une fois que les bactéries ont déjà entrepris la décomposition.

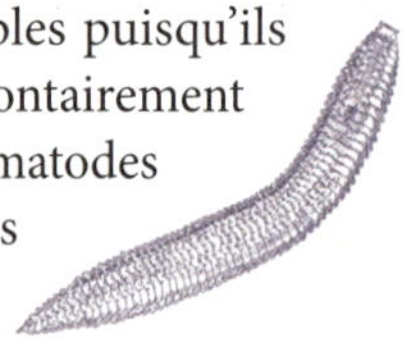

POURQUOI COMPOSTER ?

POUR PROTÉGER L'ENVIRONNEMENT D'ABORD ET AVANT TOUT

La masse de matières résiduelles générées par les activités humaines qui augmente chaque année, et ce, parallèlement à l'augmentation de la consommation en lien avec la croissance économique, n'est pas sans conséquence sur l'environnement. Bien des gens se mettent la tête dans le sable en croyant que le contenu du bac à ordures qu'ils placent régulièrement en bordure de la route disparaît comme par magie. Mais d'autres, comme vous sans doute, s'inquiètent de ce qu'il adviendra de notre Terre si nous continuons à consommer et à jeter sans discernement.

Le contenu de nos poubelles ne disparaît pas comme par magie.

Comme le disait Lavoisier, célèbre chimiste français du 18e siècle : « Rien ne se perd, rien ne se crée, tout se transforme. » Selon la façon dont les matières résiduelles seront gérées, elles pourront soit se transformer en biens très utiles ou au contraire, causer de graves préjudices à l'environnement si elles sont enfouies ou incinérées. Dommage, si l'on considère que les matières résiduelles recyclables (verre, plastique, métal, papier, etc.) peuvent reprendre vie sous d'autres formes alors que les matières résiduelles organiques (appelées aussi matières putrescibles) peuvent être transformées en compost ou en énergie.

Au Québec, en 2012-2013, chaque citoyen déposait 396 kg de matières résiduelles (collecte de déchets, collecte sélective, collecte des matières organiques) en bordure de rue, par année. Considérant que les matières organiques (résidus de l'alimentation et de l'entretien des espaces verts) représentent la plus grande part de ces matières, soit 47 % du volume, c'est 187 kg de matières résiduelles compostables qu'un citoyen génère par année. À l'échelle du Québec, cela représente 1 488 900 tonnes. Des données impressionnantes n'est-ce pas ? Pourtant, elles ne concernent que les matières résiduelles du secteur résidentiel; elles ne tiennent pas compte des matières résiduelles générées par les ICI (industries, commerces et institutions) dont on peine encore à quantifier l'abondance.

Alors que le compostage permet de valoriser ces matières dans des conditions contrôlées, la gestion de tels résidus dans les lieux d'enfouissement et les incinérateurs se fait au détriment de l'environnement et, par ricochet, de notre santé.

Les matières compostables représentent 47 % du volume de nos ordures.

POUR ATTÉNUER LA PROBLÉMATIQUE DES MATIÈRES ORGANIQUES DANS LES LIEUX D'ENFOUISSEMENT SANITAIRE

Dans les lieux d'enfouissement sanitaires (LES), les matières organiques qui se décomposent en l'absence d'oxygène (anaérobie) produisent des acides. Ces derniers se mélangent avec l'eau provenant de ces résidus organiques, de même qu'avec l'eau de la pluie et de la neige. Le liquide brunâtre et nauséabond qui en résulte, le lixiviat, percole à travers la masse en décomposition. Sur son chemin, ce lixiviat dissout et entraîne avec lui des contaminants solides tels que les métaux lourds. Enfin, cette « soupe chimique » risque de se déverser dans les plans d'eau souterraine ou de surface. D'autre part, la décomposition en l'absence d'oxygène entraîne la formation de biogaz tels que le dioxyde de carbone (CO_2) et le méthane (CH_4) (voir encadré), deux gaz à effet de serre (GES) qui sont responsables pour une large part des changements climatiques. Enfin, dans les lieux d'enfouissement, on trouve également des composés azotés et soufrés qui risquent d'accentuer le problème des pluies acides.

Le méthane est un gaz à effet de serre qui a un potentiel de réchauffement climatique très élevé. En fait, il est 25 fois plus important que celui du dioxyde de carbone. Bien qu'il soit possible de récupérer le méthane et de le transformer en énergie, tous les lieux d'enfouissement ne sont pas dotés de tels systèmes et lorsqu'ils sont présents, l'efficacité des systèmes n'est pas absolue.

Bien qu'on ait amélioré les lieux d'enfouissement sanitaires (surtout par rapport aux décharges ou dépôts en tranchée), pour en faire des lieux d'enfouissement techniques (LET) pourvus de membranes imperméabilisantes ou de système de captage du lixiviat et des gaz, l'enfouissement demeure encore problématique.

Lieu d'enfouissement sanitaire

POUR DIMINUER LA PROBLÉMATIQUE DES MATIÈRES ORGANIQUES GÉRÉES DANS LES INCINÉRATEURS

Dans quelques municipalités, les matières résiduelles, incluant les matières organiques, sont incinérées, c'est-à-dire qu'elles sont brûlées à haute température et réduites en cendres. Cette méthode de gestion entraîne d'importantes conséquences sur la qualité de l'environnement et par conséquent, sur notre santé. Dans un premier temps, les incinérateurs, qui sont situés en zone urbaine, occasionnent de sérieux problèmes de bruit et de poussière, et surtout de pollution atmosphérique. En effet, les cheminées des incinérateurs rejettent de grandes quantités de polluants tels que la dioxine, une substance classée cancérigène par le Centre international de recherche sur le cancer (CIRC). De plus, lorsque des matières organiques riches en eau sont incinérées, leur très faible pouvoir calorifique nuit à la performance énergétique des incinérateurs qui doivent fournir plus d'énergie pour une combustion somme toute incomplète. Enfin, les matières imbrûlées (les cendres) qui en résultent sont plus abondantes et contiennent de fortes concentrations de métaux lourds (mercure, cadmium, plomb) qui doivent par la suite être dirigés vers les lieux d'enfouissement avec toutes les conséquences que l'on connaît, sans compter les effets négatifs du transport. Pour toutes ces raisons, les matières organiques sont incontestablement des matières indésirables à l'incinérateur.

Les incinérateurs rejettent de nombreux polluants en zone urbaine.

POUR D'AUTRES BONNES RAISONS

La deuxième raison qui peut en inciter plusieurs à choisir le compostage comme méthode de gestion pour disposer des matières résiduelles organiques est sans contredit l'aspect économique. En effet, tant pour le citoyen que pour les municipalités et les entreprises, les économies engendrées peuvent être considérables même si, dans certains cas, les investissements de capitaux initiaux masquent les bénéfices à long terme (diminution des frais de dépollution, diminution des frais de santé, etc.). Parmi toutes les méthodes de compostage, celle qui apporte les avantages économiques les plus intéressants est certainement le compostage domestique. Cette méthode engendre des économies tant pour le citoyen, qui épargne sur l'achat de compost ou d'engrais, que pour la municipalité, qui n'a pas à payer pour collecter, transporter et gérer ces matières dans un lieu d'enfouissement, à l'incinérateur et même dans un site de compostage de gros volume ou de biométhanisation, ces installations étant exploitées à grands frais.

Adopter le compostage, c'est aussi une façon de se responsabiliser face à la gestion des matières résiduelles que l'on produit et du même coup, enseigner à nos enfants et petits-enfants comment devenir des écocitoyens responsables.

Finalement, qu'on choisisse le compostage par obligation ou par conviction, le résultat est un amendement incontestable, le compost. Ce dernier est essentiel pour conserver et améliorer la qualité des sols qui, à leur tour, contribuent à l'équilibre et à la vitalité de nos plantes et par conséquent, à notre santé.

LES DIFFÉRENTES MÉTHODES DE COMPOSTAGE

Comme nous le verrons en détail dans les prochains chapitres, il existe différentes méthodes de gestion des matières organiques par compostage.

Le **compostage domestique** est une méthode simple et à la portée de toutes les personnes qui ont accès à la moindre parcelle de terrain pour y installer un composteur domestique. Il s'adresse principalement aux propriétaires de maison unifamiliale ou en rangée, mais il peut aussi être pratiqué par ceux qui habitent dans un multilogements s'ils ont l'autorisation du propriétaire ou du conseil d'administration pour installer un composteur dans la cour. C'est ce que j'ai fait avant de devenir propriétaire.

Le **vermicompostage** convient particulièrement aux personnes qui habitent en multilogements et qui n'ont pas la possibilité de composter à l'extérieur. Il est aussi attrayant pour ceux et celles qui veulent produire un des meilleurs engrais pour leurs plantes d'intérieur. Enfin, le vermicompostage peut être très intéressant lorsqu'il est pratiqué dans les écoles et même dans les centres de la petite enfance, puisqu'il sert d'exemple en tant que pratique respectueuse de l'environnement.

Le **compostage de moyen volume** est approprié pour les personnes qui veulent composter des quantités supérieures à celles générées par une cellule familiale. Cette méthode, qui exige des connaissances plus approfondies, s'adresse principalement aux regroupements de locataires ou de propriétaires de condo, aux membres des jardins communautaires et aux gestionnaires de petites et moyennes ICI (industries, commerces, institutions), incluant les fermes.

Le **compostage de grand volume** implique la gestion de grandes quantités de matières organiques. Cette méthode comprend le compostage des résidus des fermes industrialisées et le compostage des résidus des ICI d'importance, de même que le compostage des matières organiques municipales. Toutefois, certaines municipalités optent pour une autre méthode de valorisation de la matière organique, soit la biométhanisation.

La **biométhanisation** n'est pas une méthode de compostage, mais plutôt une digestion anaérobie. Il s'agit d'un processus de décomposition biologique contrôlé qui se déroule en absence d'oxygène (contrairement au compostage qui doit se faire en présence d'oxygène) et qui génère du biogaz convertible en énergie de même qu'un résidu solide valorisable appelé « digestat ».

Craque Bitume

CHAPITRE 2

LES MATÉRIAUX COMPOSTABLES :

DES DÉCHETS QUI N'EN SONT PAS !

Le présent chapitre vous apportera des informations détaillées sur chacun des matériaux susceptibles ou non d'être valorisés par les différentes méthodes de compostage présentées. De plus, d'autres méthodes de valorisation (recyclage, paillis, insecticide, etc.) vous seront suggérées.

Les matériaux de base, qu'on appelle aussi les intrants, utilisés dans la fabrication du compost sont des matières résiduelles organiques, mais la catégorie de ces dernières peut varier selon la méthode de compostage choisie. Alors que seuls des matériaux organiques d'origine végétale sont utilisés en compostage et vermicompostage domestiques, nous verrons qu'il est possible de se servir des matériaux organiques d'origine animale dans le cas du compostage de gros volume et sous certaines conditions dans le compostage de moyen volume. D'autres matériaux seront également à craindre pour des raisons de salubrité dans le compostage domestique alors qu'ils seront tout à fait appropriés avec d'autres méthodes. C'est le cas notamment des excréments d'animaux. Quant aux matériaux utilisés dans le vermicompostage, ils proviendront principalement de l'intérieur de la maison (résidus de fruits et de légumes, papier journal, coquilles d'œufs), et ce, pour éviter toutes contaminations provenant de l'extérieur.

Les matériaux susceptibles d'être compostés sont habituellement classés en deux catégories : les matériaux riches en azote et les matériaux riches en carbone. En fait, l'azote (symbole chimique : N) et le carbone (symbole chimique : C) sont les deux composés principaux de la matière organique, mais ils sont présents en quantité variable selon le matériau. Le rapport quantitatif entre ces deux composés qu'on appelle le rapport carbone/azote (C/N) nous indique si un ingrédient est plutôt riche en azote

(C/N plus petit que 30) ou en carbone (C/N plus grand que 30). Les plus curieux trouveront dans le chapitre 4 plus d'information concernant le rapport carbone/azote. Pour que le processus de compostage se fasse adéquatement, il est important de fournir différents matériaux de façon que le rapport C/N soit approximativement de 30. Dans le compostage domestique et le vermicompostage, on se limitera à classer les matériaux selon qu'ils sont plutôt riches en carbone ou riches en azote et l'on mélangera ces derniers selon une recette de base simple. Il faudra cependant être beaucoup plus rigoureux et connaître la valeur réelle du rapport C/N de chacun des matériaux dans le cas du compostage de moyen volume et évidemment du compostage de gros volume. Les matériaux riches en azote, aussi nommés « matériaux verts », ne sont pas, comme on pourrait le penser, systématiquement de couleur verte. Ils sont humides et se décomposent rapidement. Quant aux matériaux riches en carbone, aussi appelés « matériaux bruns », ils ont tendance à être plutôt secs (quoiqu'il n'est pas impossible qu'ils soient humides) et se décomposent lentement.

Dans le tableau qui suit, vous trouverez les différents matériaux susceptibles d'être valorisés par les diverses techniques de compostage ou par tout autre procédé de valorisation. Pour chacun des matériaux, vous pourrez constater la tendance du rapport C/N. De plus, une légende de couleurs indiquant le niveau d'intérêt est associée à chacun des matériaux en corrélation avec les différents procédés. Enfin, à la suite de ce tableau, les caractéristiques des différents matériaux seront exposées. À noter que ces données sont à titre d'information. Dans le cas du compostage municipal et de la biométhanisation municipale, il vaut mieux vous référer à la liste des matériaux acceptés par votre municipalité.

TABLEAU 1

LISTE DES DIFFÉRENTS MATÉRIAUX SUSCEPTIBLES D'ÊTRE VALORISÉS PAR LE COMPOSTAGE OU PAR TOUT AUTRE PROCÉDÉ

Matériaux	Tendance C/N	Compostage domestique	Vermi-compostage	Compostage de moyen volume	Compostage de grand volume	Bio-méthanisation	Autres valorisations
Agrumes (pelures et jus)	N	jaune	rouge	jaune	vert	vert	Insectifuge Alimentation Hygiène
Aiguilles de conifères	C	jaune	rouge	vert	vert	jaune	Paillis
Algues	N	jaune	rouge	jaune	vert	jaune	Engrais
Aliments sucrés	O	jaune	jaune	vert	vert	vert	
Aliments vinaigrés	O	jaune	rouge	jaune	jaune	jaune	
Branches et brindilles	C	vert	rouge	vert	vert	rouge	Paillis
Café (résidus et filtres)	N (résidus) C (filtre)	vert	vert	vert	vert	vert	Engrais et répulsif
Carton ondulé	C	jaune	jaune	jaune	jaune	rouge	Recyclage municipal Paillis
Cendre	O	jaune	rouge	jaune	jaune	rouge	Amendement de sol
Céréales (grains)	N	vert	vert	vert	vert	vert	
Champignons	N	vert	jaune	vert	vert	jaune	Consomma-tion
Charpie de la sécheuse	O	rouge	rouge	rouge	rouge	jaune	Bourre de coussins
Cheveux	N	jaune	jaune	jaune	vert	vert	Répulsif Perruques
Compost	Variable	vert	jaune	vert	jaune	rouge	Au jardin
Cônes des conifères	C	jaune	rouge	jaune	vert	jaune	Paillis Bricolage
Copeaux, sciures et granules de bois	C	jaune	jaune	jaune	vert	rouge	Paillis

Légende : vert = utilisation régulière ; jaune = restriction ou particularité ; rouge = à éviter
Tendance : **C** : riche en carbone **N** : riche en azote **O** : ne s'applique pas ou négligeable

TABLEAU 1 (SUITE)

LISTE DES DIFFÉRENTS MATÉRIAUX SUSCEPTIBLES D'ÊTRE VALORISÉS PAR LE COMPOSTAGE OU PAR TOUT AUTRE PROCÉDÉ

Matériaux	Tendance	Compostage domestique	Vermi-compostage	Compostage de moyen volume	Compostage de grand volume	Bio-méthanisation	Autres valorisations
Coquilles d'œufs	O	jaune	jaune	vert	vert	vert	Amendement calcaire Barrière contre limaces Poules
Crustacés (crevettes, homards, crabes, langoustes)	O	rouge	rouge	rouge	vert	jaune	
Écales de noix, arachides et graines	C	jaune	jaune	jaune	vert	vert	Paillis
Essuie-tout, essuie-mains et serviettes de table en papier	C	jaune	jaune	vert	vert	vert	
Excréments d'animaux d'élevage	N	rouge	rouge	jaune	vert	rouge	
Excréments et litières d'animaux domestiques	N	rouge	rouge	jaune	vert	rouge	
Excréments humains	N	rouge	rouge	jaune	jaune	rouge	Toilettes sèches
Feuilles de rhubarbe	N	rouge	rouge	jaune	vert	vert	Insecticide
Feuilles mortes	C	vert	rouge	vert	vert	jaune	Feuillicyclage Paillis
Fleurs coupées	N	vert	jaune	vert	vert	vert	
Foin	N	jaune	rouge	vert	vert	jaune	
Fruits (noyaux)	O	jaune	rouge	vert	vert	vert	
Fruits (résidus et jus)	N	vert	vert	vert	vert	vert	

Légende : vert : utilisation régulière jaune : restriction ou particularité rouge : à éviter
Tendance : **C** : riche en carbone **N** : riche en azote **O** : ne s'applique pas ou négligeable

TABLEAU 1 (SUITE)

LISTE DES DIFFÉRENTS MATÉRIAUX SUSCEPTIBLES D'ÊTRE VALORISÉS PAR LE COMPOSTAGE OU PAR TOUT AUTRE PROCÉDÉ

Matériaux	Tendance	Compostage domestique	Vermi-compostage	Compostage de moyen volume	Compostage de grand volume	Bio-méthanisation	Autres valorisations
Gazon (rognures)	N	restriction ou particularité	à éviter	utilisation régulière	utilisation régulière	restriction ou particularité	Herbicyclage Paillis
Gazon (chaume)	C	utilisation régulière	à éviter	utilisation régulière	utilisation régulière	restriction ou particularité	
Gazon (plaques)	N	utilisation régulière	à éviter	utilisation régulière	utilisation régulière	à éviter	
Germinations et pousses	N	utilisation régulière	utilisation régulière	utilisation régulière	utilisation régulière	utilisation régulière	
Gras et huiles	O	restriction ou particularité	à éviter	restriction ou particularité	utilisation régulière	restriction ou particularité	Recyclage
Légumes crus et cuits (pelures et résidus)	N	utilisation régulière	utilisation régulière	utilisation régulière	utilisation régulière	utilisation régulière	
Légumineuses	N	utilisation régulière	utilisation régulière	utilisation régulière	utilisation régulière	utilisation régulière	
Maïs (épis et feuilles)	N	restriction ou particularité	à éviter	restriction ou particularité	utilisation régulière	utilisation régulière	
Mollusques (moules, huîtres, palourdes)	O	restriction ou particularité	à éviter	restriction ou particularité	utilisation régulière	à éviter	Barrière contre les limaces
Paille	C	utilisation régulière	à éviter	utilisation régulière	utilisation régulière	restriction ou particularité	Paillis
Pain séché ou rassis	N	utilisation régulière	utilisation régulière	utilisation régulière	utilisation régulière	utilisation régulière	Nourriture pour oiseaux
Papier journal	C	restriction ou particularité	restriction ou particularité	restriction ou particularité	restriction ou particularité	restriction ou particularité	Recyclage municipal Coupe-végétation
Papiers fins	C	à éviter	à éviter	à éviter	à éviter	à éviter	Recyclage municipal Réutilisation
Papiers mouchoirs	C	à éviter	à éviter	à éviter	restriction ou particularité	restriction ou particularité	
Pâtes alimentaires	N	utilisation régulière	utilisation régulière	utilisation régulière	utilisation régulière	utilisation régulière	
Plantes adventices	N	restriction ou particularité	à éviter	utilisation régulière	utilisation régulière	restriction ou particularité	

Légende : ■ utilisation régulière ■ restriction ou particularité ■ à éviter
Tendance : **C** : riche en carbone **N** : riche en azote **O** : ne s'applique pas ou négligeable

TABLEAU 1 (SUITE)

LISTE DES DIFFÉRENTS MATÉRIAUX SUSCEPTIBLES D'ÊTRE VALORISÉS PAR LE COMPOSTAGE OU PAR TOUT AUTRE PROCÉDÉ

Matériaux	Tendance	Compostage domestique	Vermi-compostage	Compostage de moyen volume	Compostage de grand volume	Bio-méthanisation	Autres valorisations
Plantes herbacées cultivées	N	[vert]	[rouge]	[vert]	[vert]	[jaune]	
Plantes d'intérieur	N	[vert]	[vert]	[vert]	[vert]	[vert]	
Plantes malades ou infestées	N	[jaune]	[rouge]	[vert]	[vert]	[vert]	
Plantes traitées avec des pesticides	N	[rouge]	[rouge]	[rouge]	[jaune]	[jaune]	
Poils d'animaux	N	[vert]	[vert]	[vert]	[vert]	[vert]	Laine
Poissons	N	[rouge]	[rouge]	[jaune]	[vert]	[vert]	
Produits laitiers	N	[rouge]	[rouge]	[jaune]	[vert]	[vert]	
Sacs compostables	N	[rouge]	[rouge]	[jaune]	[vert]	[jaune]	
Sacs de plastique	O	[rouge]	[rouge]	[rouge]	[rouge]	[rouge]	Recyclage municipal Réutilisation
Sacs de l'aspirateur (contenu)	O	[rouge]	[rouge]	[rouge]	[rouge]	[rouge]	
Sacs de papier brun	C	[jaune]	[jaune]	[vert]	[vert]	[jaune]	Recyclage municipal Réutilisation
Samares des arbres (érables, orme, frênes)	C	[vert]	[rouge]	[vert]	[vert]	[jaune]	
Terre de jardin	O	[vert]	[rouge]	[vert]	[vert]	[rouge]	Au jardin
Terreaux d'empotage	O	[jaune]	[jaune]	[jaune]	[vert]	[rouge]	Au jardin
Thuyas (résidus de taille)	N	[jaune]	[rouge]	[vert]	[vert]	[jaune]	Paillis Extraction de l'huile

Légende : [vert] utilisation régulière [jaune] restriction ou particularité [rouge] à éviter

Tendance : **C** : riche en carbone **N** : riche en azote **O** : ne s'applique pas ou négligeable

TABLEAU 1 (SUITE)

LISTE DES DIFFÉRENTS MATÉRIAUX SUSCEPTIBLES D'ÊTRE VALORISÉS PAR LE COMPOSTAGE OU PAR TOUT AUTRE PROCÉDÉ

Matériaux	Tendance	Compostage domestique	Vermi-compostage	Compostage de moyen volume	Compostage de grand volume	Bio-méthanisation	Autres valorisations
Tisanes et thés (résidus et sachets)	N	utilisation régulière	utilisation régulière	utilisation régulière	utilisation régulière	utilisation régulière	
Tissus de fibres naturelles	N	utilisation régulière	à éviter	utilisation régulière	utilisation régulière	à éviter	Réutilisation Attaches de plants de tomates
Tourbe de sphaigne	C	restriction ou particularité	à éviter	restriction ou particularité	restriction ou particularité	à éviter	Paillis et plantation de plantes acidophiles
Urine humaine	N	restriction ou particularité	à éviter	restriction ou particularité	restriction ou particularité	à éviter	
Vaisselle compostable	C	à éviter	à éviter	restriction ou particularité	restriction ou particularité	restriction ou particularité	
Verre, plastique, métal	O	à éviter	à éviter	à éviter	à éviter	à éviter	Réduction à la source Réutilisation Recyclage municipal
Viandes, os et charcuterie	N	à éviter	à éviter	à éviter	utilisation régulière	utilisation régulière	

Légende : utilisation régulière   restriction ou particularité   à éviter
Tendance : **C** : riche en carbone   **N** : riche en azote   **O** : ne s'applique pas ou négligeable

AGRUMES (PELURES ET JUS)

Les jus et les pelures d'agrumes doivent être utilisés avec discernement selon les différentes techniques de compostage. Du fait qu'ils sont acides et qu'ils contiennent un répulsif naturel, ils risquent d'être nuisibles aux organismes décomposeurs s'ils sont introduits avec excès. Puisque les vers peuvent être plus fragiles, mieux vaut ne pas introduire d'agrumes dans les vermicomposteurs. Toutefois, dans le compostage domestique, lorsque la quantité d'agrumes demeure normale (attention aux rages de clémentines dans le temps des fêtes) et qu'ils sont mélangés adéquatement avec d'autres résidus, il n'y a pas de problèmes puisque de cette façon, les agrumes se retrouvent en faible proportion et la masse des autres matériaux tamponne les fluctuations de pH. Dans les cas du compostage de moyen volume, si d'importantes quantités d'agrumes sont utilisées, il faudra intégrer également des matériaux alcalinisants (qui ont un pH élevé) comme des coquilles d'œufs broyées par exemple. De plus, dans les systèmes de compostage rotatifs, lorsque les agrumes sont entiers, ils risquent de rouler vers la sortie. Pour cette raison, il serait idéal de couper les agrumes préalablement pour en faciliter la décomposition. Les jus et les pelures d'agrumes peuvent être utilisés sans restriction dans le compostage de grand volume.

Les pelures d'agrumes peuvent aussi être utilisées pour fabriquer un insectifuge. Pour ce faire, placez dans une casserole les pelures de quatre agrumes ainsi que deux litres d'eau. Couvrez et laissez frémir pendant trente minutes. Laissez reposer pendant vingt-quatre heures. Filtrez et utilisez en vaporisation pour éloigner les fourmis, les perce-oreilles et les puces.

Les pelures d'agrumes peuvent avoir de nombreux usages dans la maison puisqu'ils entrent dans la fabrication de nombreux produits d'hygiène ou alimentaires (dans ce cas, mieux vaut utiliser des agrumes bio). Bien avant de penser à les mettre au compost, utilisez vos pelures d'agrumes pour parfumer une pièce, aromatiser une infusion, faire des gelées, etc. La liste est longue. Personnellement, avant de composter les pelures de mes agrumes bio, j'en extrais le zeste que je fais sécher pour utilisation future dans les plats.

AIGUILLES DE CONIFÈRES

Une des meilleures façons de valoriser les aiguilles des conifères tels que le pin est de les utiliser comme paillis à la base des arbres qui les produisent ou des autres végétaux qui apprécient les conditions de sol acide. C'est le cas des bleuets, des rhododendrons et des azalées. Dans notre société de surconsommation, souvent on ne s'arrête pas pour réfléchir à certains de nos comportements. En fait, pourquoi s'astreindre à ramasser les aiguilles de conifères pour ensuite se précipiter à la jardinerie acheter des paillis pour mettre à la base de nos végétaux ? En compostage domestique, les aiguilles de conifères devront être utilisées avec parcimonie puisque celles-ci sont relativement acides, et elles doivent être totalement évitées dans le vermicompostage. Pour le compostage de moyen et grand volume, les aiguilles de conifères peuvent être utilisées sans risques.

Les aiguilles de pin peuvent être très utiles comme paillis.

ALGUES

L'utilisation des algues dans le compostage peut être avantageuse, car celles-ci contiennent de nombreux éléments nutritifs, y compris une forte teneur en azote. Cependant, puisque l'azote peut se volatiliser, les algues devront être compostées sans tarder. De plus, dans le cas du compostage domestique et du compostage de moyen volume, il serait avantageux d'arroser les algues avant leur utilisation (idéalement avec de l'eau de pluie récupérée), car elles sont susceptibles de contenir de grandes quantités de sel préjudiciable à la survie des organismes responsables de la décomposition. Les algues ne doivent pas être utilisées dans le vermicompostage domestique (bien qu'elles puissent l'être dans le vermicompostage de gros volume), mais elles pourront être valorisées sans restriction dans le compostage de grand volume.

Les algues peuvent être utilisées directement au jardin en tant qu'engrais, mais cette méthode est moins avantageuse que le compostage, puisque les éléments minéraux contenus dans les algues risquent d'être lessivés dans le sol s'ils ne sont pas absorbés immédiatement par les plantes. D'ailleurs, si vous optez pour cette technique, mieux vaut commencer en utilisant de petites quantités d'algues et les laver précédemment à l'eau de pluie.

Les algues bleu-vert, aussi appelées « cyanobactéries » ne sont pas réellement des algues, mais plutôt des bactéries. Parce qu'elles sont susceptibles de produire des substances toxiques qui peuvent occasionner des problèmes de santé, les algues bleu vert ne doivent pas être manipulées. Elles seront donc écartées de tous les procédés de compostage. Seules les entreprises de haute technologie peuvent gérer les cyanobactéries.

ALIMENTS SUCRÉS

Les aliments sucrés tels que les confitures, les gâteaux et les confiseries doivent être limités dans le compostage domestique. Même s'ils se décomposent facilement, ils risquent d'attirer certains insectes « dérangeants » tels que les guêpes. Ils doivent également être limités dans le vermicompostage, mais pourront être utilisés sans risque dans le compostage de moyen et grand volume.

ALIMENTS VINAIGRÉS

Les aliments vinaigrés sont à éviter dans le vermicompostage et à limiter dans le compostage domestique, car ils risquent d'abaisser significativement le pH du milieu et ainsi causer préjudice aux organismes responsables de la décomposition. Évidemment, ce ne sont pas trois petites feuilles de laitue qui baignent dans la vinaigrette qui feront la différence, mais c'est tout autre chose si l'on vide un pot de cornichons et son jus dans le compost. Ils pourront être utilisés avec discernement dans le compostage de moyen et grand volume.

BRANCHES ET BRINDILLES DES ARBRES ET DES ARBUSTES

Les très petites branches (brindilles) des arbres et des arbustes peuvent être compostées sans problème dans la plupart des méthodes de compostage, à l'exception du vermicompostage domestique. Il s'agira simplement de les plier en les mettant au composteur. Quant aux branches qui ont un diamètre de plus de 1 cm, elles devraient être coupées ou déchiquetées (voir chapitre 3 *Le compostage domestique* section « *Le stockage et la préparation des matériaux bruns* »).

Le résultat du déchiquetage des branches se nomme bois raméal fragmenté (BRF) lorsqu'il respecte certaines normes telles que l'utilisation de branches dont le diamètre est inférieur à 7 cm. Le BRF est également très apprécié lorsqu'il est utilisé comme paillis à la base des végétaux.

CAFÉ (MARC)

Le marc de café (les résidus de l'infusion du café) peut être utilisé dans toutes les méthodes de compostage, y compris le vermicompostage. D'ailleurs, les vers, tout comme les humains, sont particulièrement friands de café. Le marc de café a tendance à être acide, mais si vous êtes un buveur « normal » de café, les organismes décomposeurs de votre compost suffiront à la tâche. Par contre, si vous envisagez de recueillir les résidus de café de votre lieu de travail ou du restaurant d'un ami, vous aurez avantage à les diriger vers le compostage de moyen et grand volume.

Si vous utilisez des filtres à café en papier, sachez que ceux-ci sont également compostables (ce sont en fait des matériaux riches en carbone). Toutefois, il vaut mieux privilégier les filtres de papier non blanchi, une pratique qui est à l'avantage de l'environnement.

Une autre façon de valoriser le marc de café est de l'utiliser directement au potager pour sa qualité fertilisante (le café est riche en phosphore) ou encore comme répulsif pour certains insectes ravageurs. Il est à noter cependant que des apports excessifs de marc de café au jardin peuvent abaisser le pH du sol de façon significative. C'est pourquoi le compostage demeure la méthode la plus appropriée pour valoriser les résidus de café.

Les résidus de café de même que les filtres peuvent être utilisés dans toutes les méthodes de compostage.

Optez pour des filtres non blanchis.

CARTON ONDULÉ

Bien que le recyclage et la réutilisation soient les meilleures méthodes pour valoriser le carton ondulé, on peut également l'utiliser dans toutes les méthodes de compostage. De fait, le carton a une valeur marchande intéressante lorsqu'il est recyclé, alors qu'il apporte peu d'éléments nutritifs au compost. Au mieux, il est utile pour absorber l'humidité et balancer le ratio C/N du compost.

Toutefois, il faudra éviter le carton ondulé ciré de même que le carton ayant des inscriptions de couleur, et ce, principalement pour le compostage domestique et le vermicompostage. Bien que le carton ciré se composte bien dans les systèmes industriels ayant recours au broyage des intrants, certaines entreprises préfèrent l'éviter. Dans tous les cas, le carton aura avantage à être déchiqueté. Autrement, il aura tendance à freiner la diffusion de l'air en devenant humide.

Une autre façon de valoriser le carton ondulé consiste à l'utiliser comme coupe-végétation sous un paillis organique (de la même façon que le papier journal, comme vous le verrez plus loin) dans le but d'aménager une nouvelle platebande ou de contrôler des plantes adventices.

CENDRE DE BOIS

À cause de son pouvoir alcalinisant (augmentation du pH) radical, la cendre devrait être utilisée avec parcimonie dans le compostage domestique et même évitée dans le vermicompostage. Elle peut être employée dans le compostage de moyen et grand volume, mais toujours avec discernement et à condition d'avoir été refroidie adéquatement, afin d'éviter tout risque de feu. La cendre a le pouvoir d'augmenter le pH tout comme le fait la chaux, mais contrairement à cette dernière, ce pouvoir est soudain et radical. Cette conséquence risque donc de porter préjudice aux organismes décomposeurs et même de les tuer. Heureusement, il existe une très bonne façon de valoriser la cendre de bois : il s'agit de l'utiliser directement au jardin ou sur la pelouse lorsqu'il est souhaitable d'augmenter le pH. Assurez-vous cependant qu'il s'agit d'une cendre qui provient de « feu propre ». Cela exclut la cendre qui résulte de bois peints, de bois teints, de panneaux de particules et évidemment de bois traités (un matériau qui ne doit jamais être brûlé). Par la suite, évaluez le niveau de pH du sol de votre terrain. Pour ce faire, vous devrez prélever le sol de votre pelouse ou de votre potager à plusieurs endroits, mélanger les prélèvements, puis en extraire un échantillon

et l'apporter dans une jardinerie pour le faire analyser. Si le résultat indique un pH acide (moins de 6,5) ou encore si vous observez plusieurs spécimens de plantes indigènes indicatrices d'un pH acide tels le fraisier sauvage, l'épervière orangée, la petite oseille, vous pourrez utiliser votre cendre directement sur le sol pour en augmenter graduellement le pH, car la majorité des plantes apprécient un pH relativement neutre (7). Mais dans tous les cas, les apports de cendre ne devraient pas excéder 1,5 kg par 10 m^2, car le potassium contenu en grande quantité dans la cendre peut devenir en excès dans le sol. De plus, des apports trop abondants ou trop fréquents de cendre sur le sol risquent d'entraîner des pH trop alcalins (8 et plus) qui seraient préjudiciables à plusieurs plantes. Pour éviter des brûlures, la cendre devrait être appliquée tôt au printemps, idéalement mélangée à une petite quantité de sol.

CÉRÉALES (GRAINS ET FARINES)

Qu'ils soient crus ou cuits, les restes des grains de céréales telles que le riz, le blé, l'avoine, l'orge, le millet, le maïs, de même que les farines qui en résultent, peuvent être compostés selon toutes les méthodes de compostage. Quant aux céréales à déjeuner, elles pourront également être compostées à condition de ne pas contenir des quantités excessives de sucre (parce qu'il attire les indésirables, même s'il ne nuit pas au processus de compostage) ou de lait. Par contre, il n'y a pas de problème à composter les céréales auxquelles de la boisson de soya (ou autres boissons végétales) a été ajoutée.

CHAMPIGNONS

Les restes de champignons du commerce peuvent être utilisés sans risque dans toutes les méthodes de compostage. Quant aux champignons sauvages qui poussent sur votre terrain ou en forêt, bien sûr, il faudra les identifier correctement (au besoin, consultez des ouvrages sérieux ou des spécialistes) pour vous assurer qu'ils ne sont pas toxiques, avant de les consommer. Dans le doute, vous pourrez les composter sans risque dans la plupart des méthodes à l'exception du vermicompostage, puisque le processus de compostage neutralise les toxines.

Les champignons qui poussent sur votre terrain peuvent être compostés.

CHARPIE DE LA SÉCHEUSE

La charpie de la sécheuse est constituée la plupart du temps de fibres de tissus synthétiques (incluant les résidus de feuilles d'assouplisseurs), donc non biodégradables. C'est pourquoi, à moins que tous vos vêtements soient confectionnés avec des fibres naturelles (coton, lin, chanvre, laine), il est préférable de ne pas composter la charpie de la sécheuse.

Un truc pour valoriser la charpie de la sécheuse (si celle-ci ne contient pas de poils d'animaux) consiste à l'utiliser comme bourre dans la confection des coussins. Enfin, pour réduire les quantités de charpie, pour prolonger la durée de vos vêtements et pour le bien de l'environnement, optez pour le séchage à l'air libre le plus souvent possible.

CHEVEUX

Les cheveux humains peuvent être compostés selon toutes les méthodes, mais pour le compostage domestique, le compostage de moyen volume et le vermicompostage, ils ne devraient pas avoir subi de traitements chimiques (coloration, permanente, etc.).

Les cheveux peuvent servir de répulsif pour éloigner les écureuils et les chevreuils. Certains salons de coiffure recyclent les cheveux naturels pour en faire des perruques.

COMPOST

Une fois votre système de compostage installé, vous pourrez utiliser votre compost moyennement ou totalement décomposé dans le but de stimuler la décomposition de la matière organique fraîche. En fait, de cette façon, vous ajouterez à vos matières organiques des organismes décomposeurs (micro-organismes et vers de terre) qui serviront en quelque sorte d'accélérateurs à compost. Cette méthode est particulièrement utile dans le cas du compostage domestique et du compostage de moyen volume. Dans le cas du vermicompostage, le compost qui provient de l'extérieur est à éviter, mais il n'y a pas de risque à introduire un vermicompost qui provient de l'intérieur ou un compost commercial. Évidemment, la meilleure façon de valoriser le compost demeure son utilisation au jardin. C'est pourquoi il serait dommage de diriger le compost vers le compostage de grand volume.

CÔNES DES CONIFÈRES

Les cônes (communément appelés les cocottes) qui sont les fruits des conifères (pins, sapins, épinettes, mélèzes, pruches) peuvent se composter dans la plupart des méthodes de compostage, à l'exception du vermicompostage à cause du risque d'introduire des insectes de l'extérieur. Les cônes très courts tels ceux de mélèzes et de pruches peuvent se composter sans aucune manipulation. Mais d'autres cônes dont les dimensions sont plus imposantes (pin blanc, épinette de Norvège, etc.) ont avantage à être broyés d'une quelconque façon (voir la préparation des matériaux riches en carbone dans le chapitre suivant) lorsqu'ils sont utilisés dans le compostage domestique et le compostage de moyen volume.

Les cônes de grande dimension ont avantage à être broyés.

Les cônes de conifères peuvent aussi être utilisés pour confectionner de jolis bricolages. Pourquoi ne pas les offrir à l'école de votre quartier ? Enfin, les cônes de petites dimensions peuvent être utilisés comme paillis.

COPEAUX, SCIURES ET GRANULES DE BOIS

Les copeaux et sciures résultant du travail du bois peuvent être compostés selon toutes les méthodes de compostage. Avant d'utiliser les copeaux et les sciures de bois, il faudra s'assurer qu'ils proviennent de « bois propres », ce qui exclut les bois peints, les bois teints, les panneaux de particules et évidemment les bois traités. Les copeaux et les sciures de bois sont des résidus ayant une très forte teneur en carbone. Parce que les sciures possèdent une densité très élevée (granulométrie fine), il y a peu d'espace d'air entre les particules, ce qui peut freiner le passage de l'air lorsqu'ils deviennent humides. Mieux vaut les incorporer par un brassage adéquat. Par contre, les copeaux sont plus grossiers et apportent une certaine structure facilitant le passage de l'air dans la pile, mais comme ils sont plus gros, ils se décomposent moins rapidement que la sciure. Ces caractéristiques font que les copeaux et les sciures de bois se décomposent difficilement. Ainsi, dans le cas du compostage domestique et du compostage de moyen volume, ils ne devraient pas excéder 10 % du volume total des matériaux à composter.

Une autre façon de valoriser les copeaux et les sciures de bois consiste à les utiliser en tant que paillis. Cette pratique comporte tout de même un risque lorsqu'un tel paillis est placé à proximité des végétaux. En fait, en raison de leur très forte proportion en carbone, les copeaux et sciures de bois risquent d'entraîner une faim d'azote (voir encadré) qui serait préjudiciable aux plantes. Voilà pourquoi les paillis constitués de copeaux et de sciures de bois devraient être réservés exclusivement aux sentiers.

Les granules de bois, qui sont constituées de bois broyé, séché et comprimé en petits cylindres, devraient être réservées à leur usage habituel, soit le chauffage, car il ne s'agit pas de matières résiduelles. De plus, elles sont coûteuses. Toutefois, dans les systèmes de compostage à moyenne échelle, certains les trouvent utiles, car elles sont faciles à manipuler (moins de poussière, plus faciles à mesurer…).

FAIM D'AZOTE

Lorsque des matériaux très riches en carbone sont utilisés directement sur le sol, les micro-organismes, qui ont besoin d'un menu « équilibré » en carbone et en azote, doivent puiser dans le sol des quantités appréciables d'azote. Le taux d'azote du sol pourrait donc s'abaisser, ce qui provoquerait des carences en azote, lesquelles se traduiraient par un feuillage vert pâle et des plants chétifs.

COQUILLES D'ŒUFS

Les coquilles d'œufs peuvent être compostées selon toutes les méthodes de compostage. Cependant, dans le cas du compostage domestique et du vermicompostage, il sera avantageux de les stocker séparément des autres résidus de cuisine et de les broyer (voir chapitre 3 *Le compostage domestique*). Autrement, elles seront difficilement attaquées par les micro-organismes.

Il existe aussi d'autres façons de valoriser les coquilles d'œufs au jardin. Broyées finement, elles peuvent être ajoutées directement au sol en guise d'amendement calcaire (au même titre que la chaux ou la cendre). Mais lorsqu'elles sont broyées grossièrement, les coquilles d'œufs peuvent servir de barrière pour protéger certaines plantes sensibles contre les attaques des limaces (voir *Mon potager santé*, 2e édition, page 290). Enfin, si vous élevez des poules, ces dernières bénéficieront du calcium des coquilles et de leur potentiel abrasif dans leur gésier. Mieux vaut leur laisser alors.

CRUSTACÉS

Les coquilles des crustacés (crevettes, homards, crabes, langoustes, etc.) sont tout à fait appropriées dans le cas du compostage de gros volume lorsque le but est de produire un compost de qualité, car elles sont un apport indéniable en éléments minéraux. Mais dans le cas du compostage domestique, du compostage de moyen volume et du vermicompostage, leur utilisation est risquée du fait que les coquilles de crustacés risquent de générer des problèmes d'odeur et d'attirer la vermine.

ÉCALES DE NOIX, D'ARACHIDES ET DE GRAINES

Les écales de noix, d'arachides et de graines (ex. : graines de tournesol) peuvent être compostées sans aucune préparation dans le cas du compostage de grand volume. Cependant, il sera préférable de les broyer d'une quelconque façon si l'on désire les

Les écales d'arachides peuvent être compostées.

utiliser dans le compostage domestique, le compostage de moyen volume et le vermicompostage (voir la section « Préparation des matériaux bruns » dans le chapitre 3 *Le compostage domestique*). Mais si vous choisissez de ne pas les broyer, elles offriront une certaine structure permettant le passage de l'air dans le compost et vous pourrez les faire recirculer en tamisant le compost lors de la récolte, puisqu'elles risquent de prendre plus de temps que les autres matières à se décomposer.

Une fois broyées, les écales de noix peuvent également servir de paillis, mais puisqu'elles sont très riches en carbone, on devrait éviter leur utilisation à proximité des plantes (voir encadré « Faim d'azote » à la page 34).

ESSUIE-TOUT, ESSUIE-MAINS ET SERVIETTES DE TABLE EN PAPIER

Les essuie-tout, les essuie-mains et les serviettes à main en papier peuvent être utilisés dans tous les types de compostage. Toutefois, il faut procéder avec discernement. De fait, la fabrication et la valorisation du papier blanchi peuvent porter préjudice à l'environnement (voir encadré). Si vous arrivez à en trouver en papier non blanchi (trop rares sur le marché), vous pourrez les utiliser sans scrupules. Bien que la meilleure option d'un point de vue environnemental consiste à éviter l'utilisation de ces produits à usage unique, le compostage représente la solution idéale si vous avez choisi d'en utiliser. En effet, la qualité de leur fibre est trop faible

LES PAPIERS BLANCHIS

Les papiers blanchis au chlore peuvent contenir des traces de produits organochlorés ou encore des dioxines qui peuvent avoir un impact sur les organismes décomposeurs ou se frayer un chemin dans la chaîne alimentaire (potentiel de cancérogénicité). Heureusement, depuis quelques années, ce type de blanchiment tend à être délaissé, réduisant significativement ces problèmes potentiels. Mais dans le doute, il vaut mieux s'abstenir, surtout dans le cas du compostage domestique et du vermicompost.

Vous pourrez composter sans crainte le papier essuie-tout et les serviettes de table en papier non blanchi.

pour être recyclée, et s'ils sont mouillés ou sales, ils sont totalement à proscrire du recyclage. Par contre, ne compostez pas les papiers imbibés de produits nettoyants chimiques (le vinaigre ou le savon à vaisselle sont acceptables) ni ceux pouvant être contaminés par des pathogènes (s'ils ont été utilisés comme mouchoir). Évitez les essuie-tout de papiers « élastiques » qui peuvent contenir des fibres synthétiques non décomposables.

EXCRÉMENTS D'ANIMAUX D'ÉLEVAGE

Les excréments d'animaux d'élevage (poules, lapins, vaches, moutons, chèvres, chevaux), aussi appelés les fumiers, comportent des quantités appréciables d'éléments minéraux. Ils sont donc un apport très intéressant dans le compostage de grand volume. Dans le cas du compostage de moyen volume, les excréments d'animaux d'élevage seront acceptables à la condition que le processus de compostage soit suffisamment contrôlé pour que la température visée soit atteinte. De plus, leur usage peut être réglementé (voir chapitre 4 *Le compostage de moyen et grand volume*). Il faut savoir que les fumiers peuvent contenir des quantités appréciables de graines de plantes adventices de même que des insectes ravageurs et des micro-organismes potentiellement pathogènes pour les plantes et même pour les humains. C'est pourquoi les excréments d'animaux d'élevage seront à proscrire dans le cas du compostage domestique et du vermicompostage puisque, dans ces méthodes, l'augmentation de la température n'est pas suffisante pour détruire les indésirables (voir encadré).

LE COMPOSTAGE DES EXCRÉMENTS, PAS DE RISQUES À PRENDRE !

Du fait que les excréments sont compostables à moyenne et grande échelle, peut-être serez-vous tenté de les introduire dans le compostage domestique malgré les recommandations contraires. Si c'est le cas, sachez que vous exposez votre famille à des risques de contamination. Alors, si vous y tenez, prenez au moins les précautions suivantes : consacrez un composteur ou un tas à cet usage ; tentez de faire un volume minimal d'un mètre cube, cela pour atteindre des températures élevées ; brassez régulièrement ; laissez le compost mûrir longuement avant de l'utiliser ; n'utilisez pas les mêmes outils de jardin pour brasser ce compost potentiellement contaminé et votre compost régulier ou désinfectez-les entre chaque usage ; utilisez le compost produit essentiellement pour des plantes non comestibles, jamais pour des plantes comestibles ; n'utilisez pas ce compost là où des enfants ou des animaux domestiques pourraient jouer ; évitez de rentrer vos bottes de travail souillées dans la maison ; et lavez-vous les mains avant de manger !

EXCRÉMENTS ET LITIÈRES D'ANIMAUX DOMESTIQUES

Les excréments et les litières des animaux domestiques (chiens, chats, oiseaux, lapins, hamsters, etc.) peuvent contenir des micro-organismes potentiellement pathogènes pour les humains. Pour cette raison, ils sont à éviter dans le compostage domestique et le vermicompostage puisque, dans ces méthodes, la température n'atteint pas, la plupart du temps, un degré suffisamment élevé pour détruire ces pathogènes. Les excréments et les litières des animaux domestiques pourront cependant être compostés selon la méthode de compostage de moyen volume si le processus de compostage est suivi scrupuleusement. Autrement, ils pourront être valorisés avec moins de risque dans le compostage de grand volume.

EXCRÉMENTS HUMAINS

Les excréments humains doivent être écartés du compostage domestique et du vermicompostage, car ils risquent plus que toutes autres matières fécales de contenir des organismes pathogènes pour les humains. Malgré tout, les excréments humains ne sont pas dénués d'intérêt en matière de compostage de moyen et grand volumes s'ils sont gérés dans les règles de l'art et dans le respect des réglementations.

Le système actuel de gestion des déjections humaines, qui est basé sur les toilettes à chasse d'eau, a des conséquences néfastes sur l'environnement. D'une part, cela constitue une importante perte de matière organique (une rupture dans le cycle naturel de la matière organique); d'autre part, cela implique l'utilisation d'une importante quantité d'eau potable. Enfin, le mélange de déjections et d'eau, qui doit être dirigé vers les usines d'épuration ou les champs d'épuration, doit être « assaini », avec toutes les conséquences écologiques et économiques que cela comporte.

L'utilisation des toilettes sèches (toilettes à compost) est une pratique encore très marginale; elle n'est autorisée que comme méthode de dernier recours. Toutefois, elle peut apporter plusieurs avantages pour l'environnement, lorsqu'elle est associée à un système de gestion efficace et sécuritaire. Mais dans ce domaine, on ne doit surtout pas s'improviser expert, car les excréments humains humains sont potentiellement contaminés. Si vous utilisez une toilette sèche, suivez scrupuleusement les recommandations du fabricant de même que les consignes présentées dans l'encadré précédent.

L'utilisation des toilettes à compost est une pratique encore marginale.

FEUILLES DE RHUBARBE

Les feuilles de rhubarbe (les limbes, plus précisément) sont toxiques à cause, entre autres, de leur teneur élevée en acide oxalique. Il ne faut donc pas les consommer ni les mettre au compost, car cette pratique pourrait avoir un effet répulsif et même mortel sur l'ensemble des organismes responsables de la décomposition, dont certains insectes. Les feuilles de rhubarbe seront donc écartées du compostage domestique et du vermicompostage, mais elles pourront être utilisées avec discernement dans le compostage de moyen volume. Les feuilles de rhubarbe ne causent habituellement pas de problème dans le compostage de grand volume, puisque la quantité de ces dernières est souvent négligeable par rapport aux autres matériaux. D'autre part, les tiges de rhubarbe (les pétioles du point de vue botanique) peuvent être compostées dans tous les cas. Enfin, une autre façon de valoriser les feuilles de rhubarbe consiste à fabriquer une infusion de rhubarbe (voir encadré) dans le but de l'utiliser comme insecticide au jardin.

INFUSION DE RHUBARBE (INSECTICIDE)

Laissez infuser 5 à 6 feuilles de rhubarbe dans 4 litres d'eau bouillante durant 24 heures. Retirez les feuilles (à ce stade, vous pourrez composter les feuilles de rhubarbe sans risque puisque les toxines en auront été extraites). Ajoutez 2 ml de savon insecticide par litre d'extrait (pour l'adhérence). Utilisez l'extrait non dilué en vaporisation sur le feuillage de la plante visée. L'infusion de rhubarbe peut être utile pour contrôler les pucerons, les acariens et les limaces.

FEUILLES MORTES

Les feuilles mortes des arbres constituent une des plus importantes sources de matériaux riches en carbone. À l'exception du vermicompostage, où les feuilles seront écartées pour éviter d'introduire des organismes indésirables dans la maison, les feuilles pourront être utilisées dans toutes les autres méthodes.

Alors que toutes les feuilles pourront être compostées dans le compostage de moyen et grand volume, les feuilles de chêne et de noyer seront compostées avec discernement dans le compostage domestique puisque ces dernières contiennent des tanins qui ne sont pas particulièrement prisés des organismes décomposeurs, car elles ralentissent le processus de décomposition. Si vous ne possédez qu'un faible pourcentage de chênes ou de noyers sur votre terrain, vous pourrez composter leurs feuilles mélangées aux autres, et ce, sans trop d'effets négatifs. Par contre, si votre terrain est aménagé avec une majorité de chênes ou de noyers, vous aurez intérêt à procéder selon la méthode suivante : déposez vos feuilles de chênes

et (ou) de noyers dans un enclos à feuilles et laissez celles-ci exposées aux aléas des conditions météorologiques durant 6 à 12 mois. Au cours de cette période, les tanins contenus dans les feuilles seront en grande partie lessivés dans le sol par l'action de la pluie et de la fonte de la neige. Vous pourrez par la suite composter les feuilles de chênes et de noyers sans craindre que les tanins ne nuisent aux organismes décomposeurs. Cette méthode offre cependant le désavantage de lessiver également les éléments minéraux.

Comme les feuilles mortes sont présentes en abondance à l'automne, alors qu'elles sont plus difficiles à trouver en plein cœur de l'été, il vous faudra donc en mettre en réserve. Pour plus de détails sur le stockage et la préparation des matériaux bruns, voir le chapitre 3 *Le compostage domestique*. Enfin, il existe d'autres façons de valoriser les feuilles mortes (voir encadré).

Si vous aviez l'habitude de ramasser les feuilles qui tombent naturellement sur vos platebandes et votre potager à l'automne, vous devriez les laisser sur place à l'avenir, car elles font ainsi office de protection hivernale.

D'AUTRES BONNES FAÇONS DE VALORISER LES FEUILLES MORTES

Une très bonne façon de valoriser les feuilles consiste à les broyer directement sur la pelouse avec la tondeuse déchiqueteuse (sans le sac) au fur et à mesure que les feuilles tombent. C'est ce que j'appelle le feuillicyclage. Il s'agit en quelque sorte de compostage de surface, car les feuilles se décomposent progressivement sur le sol, apportant des éléments minéraux complémentaires à ceux fournis par les rognures de gazon, le compost ou les engrais naturels. Il faut toutefois éviter de broyer de trop grandes quantités de feuilles, car celles-ci formeront un paillis sur la pelouse, une situation qui risque de détériorer cette dernière. C'est pourquoi, lorsque les feuilles recouvrent plus de 50 % de la surface de la pelouse, il est préférable de les ramasser.

Une autre méthode pour valoriser les feuilles mortes consiste à les broyer et à les utiliser comme paillis au potager ou dans les platebandes.

À l'automne, pratiquez le feuillicyclage.

FLEURS COUPÉES

Les fleurs coupées qui proviennent de votre jardin peuvent être compostées dans la majorité des méthodes de compostage. Cependant, il faudra les éviter dans le vermicompostage où il est préférable de ne pas introduire de matériaux provenant de l'extérieur. Quant aux fleurs coupées, achetées chez le fleuriste, il faut être conscient que celles-ci sont très souvent cultivées avec des pesticides. C'est pourquoi il vaut mieux ne pas exagérer les quantités de fleurs coupées à composter… ce qui est rarement le cas pour la plupart des gens.

FOIN

Les ballots de foin servent normalement à nourrir les animaux d'élevage (vaches, bœufs, chevaux, chèvres, moutons, etc.). Lorsqu'ils n'ont pas été utilisés dans les mois qui suivent la récolte, les ballots de foin de moins bonne qualité pour les animaux peuvent être compostés selon les méthodes de compostage de moyen et grand volume. Il est également possible de les utiliser dans le compostage domestique, mais il faudra avoir un suivi rigoureux puisque les ballots de foin sont susceptibles de contenir des quantités appréciables de graines de plantes adventices. Pour éviter les possibilités de contamination extérieure, le foin ne doit pas être utilisé dans le vermicompostage.

FRUITS (NOYAUX)

Les noyaux de fruits (prunes, pêches, avocats, etc.) se décomposent lentement du fait qu'ils sont robustes et coriaces, ce qui est particulièrement le cas des noyaux de pêches. Dans le compostage domestique, il faut être patient, car cela peut prendre plusieurs années avant qu'ils se transforment en compost. Si vous pouvez tolérer le fait que des noyaux de fruits se retrouvent dans vos platebandes (ce que je ne considère pas comme un problème pour ma part), ou que vous êtes prêts à les retirer en tamisant votre compost mature, ne vous privez pas de les composter. Autrement, sachez que les noyaux de fruits peuvent être utilisés sans restriction dans le compostage de moyen et grand volume. Mais il faudra éviter les noyaux de fruits dans le vermicompostage, car ils risqueraient d'occuper un espace déjà limité.

FRUITS (RÉSIDUS ET JUS)

Les résidus (pelures et parties détériorées) et les jus de tous les fruits peuvent se composter selon toutes les méthodes. Cependant, dans le cas du compostage domestique et du vermicompostage, certains résidus de fruits plus grossiers (pelures de melon, feuilles d'ananas, etc.) auront avantage à être coupés plus finement afin d'en faciliter la décomposition. Si certains fruits comportent des étiquettes, enlevez-les, car elles sont souvent faites de matière plastique, donc non compostables. Pour minimiser le problème de la présence des mouches à fruit, voyez la section « La collecte des résidus de cuisine » du chapitre 3 *Le compostage domestique*.

DEVRAIT-ON COMPOSTER LES RÉSIDUS DES FRUITS ET LÉGUMES QUI SONT ISSUS DE L'AGRICULTURE INDUSTRIELLE ?

Les fruits et les légumes qui sont issus de l'agriculture industrielle peuvent contenir à des niveaux variables des traces de pesticides qui peuvent nuire à notre santé et à celle des organismes décomposeurs. De plus, ce mode de culture porte préjudice à l'environnement. Pour la santé de l'environnement, la nôtre et celle de notre compost, le meilleur choix consiste à opter pour des aliments certifiés biologiques ou encore à les cultiver soi-même de la façon la plus naturelle (voir l'ouvrage *Mon potager santé* de l'auteure).

Malgré tout, si comme plusieurs personnes vous consommez des aliments issus de l'agriculture industrielle, il ne serait pas approprié d'écarter les résidus de ces aliments du compostage, et ce, pour deux raisons.

Dans un premier temps, il faut savoir qu'il est moins risqué de composter ces résidus que de les consommer. En effet, lorsque vous les mangez, vous absorbez directement les produits potentiellement toxiques alors que si vous compostez les résidus de ces mêmes aliments, les micro-organismes responsables de la décomposition se chargent de neutraliser la plupart des toxines avant qu'elles ne reviennent sur votre table sous la forme d'un aliment quelconque.

Par ailleurs, il ne serait pas sain pour l'environnement que vous écartiez du compostage tous les résidus des aliments qui sont issus de l'agriculture industrielle, car ces derniers causent des dommages à l'environnement lorsqu'ils sont dirigés vers les incinérateurs ou les lieux d'enfouissement.

GAZON (ROGNURES)

La méthode la plus éconologique qui soit pour valoriser les rognures de gazon consiste à pratiquer l'herbicyclage (voir encadré). Si vous êtes de ceux qui tiennent tout de même à ramasser les rognures de gazon, sachez que celles-ci doivent être compostées avec beaucoup de discernement en raison de leur important contenu en azote. Alors que cette caractéristique en fait un ingrédient recherché dans le compostage de moyen et grand volume, elle est souvent problématique dans le compostage domestique. En effet, les rognures de gazon fraîches peuvent générer de sérieux problèmes d'odeur si elles ne sont pas gérées adéquatement. En fait, l'odeur qui se dégage d'une grande quantité de rognures de gazon, après quelques heures, est de l'ammoniac. De quoi faire fuir tous les résidents du quartier et causer une mauvaise réputation au compostage domestique ou de moyen volume. De plus, un liquide contenant d'importantes quantités d'éléments minéraux, le lixiviat, risque de s'échapper du composteur et ainsi polluer le sol (de la même manière que le purin de porc en quantité excédentaire peut le faire dans les champs). Si vous tenez à tout prix à ramasser vos rognures de gazon, il faut les composter (dans certaines municipalités, il est carrément interdit de les mettre aux ordures), mais pas de n'importe quelle façon. Pour minimiser les problèmes d'odeur, optez pour l'une ou l'autre de ces pratiques :

1. Prenez soin d'entreposer suffisamment de feuilles mortes à l'automne (voir la section « Le stockage et la préparation des matériaux bruns » du chapitre 3 *Le compostage domestique*). Ainsi, vous pourrez mélanger deux parties de feuilles mortes (ou tout autre matériau riche en carbone) à une partie de rognures de gazon. Parce que ces deux ingrédients sont complémentaires (les rognures de gazon sont riches en azote et les feuilles mortes, en carbone), le processus de compostage sera facilité. En fait, les rognures de gazon vont aider à la décomposition des feuilles et ces dernières vont limiter les pertes d'azote provenant des rognures de gazon par évaporation et par lessivage.

2. Si vous n'avez pas suffisamment de matériaux bruns en réserve, il serait souhaitable de faire sécher vos rognures de gazon avant de les déposer au composteur à la manière des agriculteurs qui fanent le foin avant de l'entreposer. Pour ce faire, étendez les rognures de gazon en minces couches (environ 10 cm) sur le sol, puis laissez-les sécher au soleil durant une journée ou deux. Par la suite, vous pourrez composter les rognures de gazon sans risque.

3. Enfin, si vous n'ajoutez que des petites quantités de rognures de gazon occasionnellement dans votre composteur, il n'y aura pas de risque d'odeur et de pollution. Considérant que les rognures de gazon sont riches en azote, elles pourront même être un apport intéressant pour activer la décomposition.

Comme pour tous les ingrédients qui proviennent de l'extérieur, les rognures de gazon ne sont pas souhaitables dans le vermicompostage.

Enfin, il existe une autre façon de valoriser les rognures de gazon qui consiste à les utiliser comme paillis dans les platebandes de fleurs et le potager. Pour cet usage, il sera préférable d'utiliser les rognures des premières tontes de la saison, cela pour éviter que de nombreuses semences de gazon s'y retrouvent.

Les rognures de gazon peuvent être compostées avec moins de risques si elles sont séchées.

L'HERBICYCLAGE

L'herbicyclage est la méthode qui consiste à laisser les résidus de tonte sur place. Pour ce, utilisez idéalement une tondeuse-déchiqueteuse (autrement, passez une deuxième fois sur les rognures) et enlevez le sac, évidemment. De cette façon, vous verrez disparaître les petits brins de gazon qui se transformeront en quelque sorte en engrais pour votre pelouse puisque vous lui fournirez ainsi près de 30 % de ses besoins en éléments minéraux en plus de lui redonner de l'eau.

L'herbicyclage est la méthode la plus éconologique (écologique et économique) qui soit pour valoriser les résidus de tonte.

GAZON (CHAUME)

Le chaume et les autres résidus organiques qu'on enlève en nettoyant le gazon au printemps peuvent être compostés selon la plupart des méthodes, à l'exception du vermicompostage. En passant, il n'est pas nécessaire d'effectuer un déchaumage qui est une intervention stressante et inutile sur une pelouse entretenue écologiquement (voir *Le jardinage éconologique*, chapitre 4 *La pelouse: sortir du cycle infernal du chimique pour économiser temps et argent*). Un bon nettoyage au râteau suffit. De plus, il n'est pas utile de vous éreinter sur ce dernier. Il s'agit simplement de racler doucement pour recueillir le gazon mort et les autres résidus (feuilles, excréments) qui se détachent facilement du gazon. Dans le sol d'une pelouse entretenue écologiquement, les résidus organiques laissés sur place serviront de nourriture aux vers de terre et aux micro-organismes.

Les plaques de gazon peuvent être compostées en tas ou dans un composteur qui leur est dédié.

GAZON (PLAQUES)

Si comme bien des jardiniers, la surface de votre pelouse s'amenuise un peu plus chaque année à l'avantage de vos platebandes et de votre potager, sachez que les plaques de gazon que vous enlevez se décomposent très bien, entre autres parce qu'elles contiennent beaucoup de terre donc des quantités appréciables d'organismes décomposeurs (vers de terre et micro-organismes). Une bonne façon de composter une importante quantité de plaques de gazon consiste à les accumuler à l'envers, puis à les humidifier et à les couvrir d'une toile géotextile ou d'un vieux tapis (voir la section « Le compostage en tas » du chapitre 3 *Le compostage domestique*), puis à laisser faire la nature en humidifiant de temps à autre. Vous pourrez aussi choisir de dédier un composteur à cet usage, car il sera quasiment impossible de brasser le compost du fait que les plaques de gazon sont très lourdes.

Évidemment, les plaques de gazon ne sont pas appropriées pour le vermicompostage, mais elles peuvent être dirigées vers le compostage de moyen et grand volume.

GERMINATIONS ET POUSSES

Les germinations et les pousses qui ne sont plus comestibles peuvent être compostées sans restriction selon toutes les méthodes.

GRAS ET HUILES

Les plats cuisinés tels que salades, pâtes, soupes, etc. doivent être utilisés avec discernement dans le compostage du fait que les gras et les huiles qu'ils contiennent rendent l'accès aux aliments plus difficile pour les organismes décomposeurs et retardent ainsi la décomposition. Ces aliments sont à éviter dans le vermicompostage, mais ils pourront être utilisés dans le compostage domestique et le compostage de moyen volume sans trop de problèmes s'ils ne sont enduits que très légèrement de gras et d'huile. Évidemment, ils ne doivent pas baigner dans les corps gras, car cela pourrait attirer des indésirables à la recherche d'aliments riches en calories. Les aliments riches en gras et en huiles pourront être dirigés sans restriction vers le compostage de grand volume où les autres intrants permettront d'en atténuer l'effet négatif.

Comme les huiles peuvent être recyclées et valorisées énergétiquement (par exemple en les transformant en biodiesel), renseignez-vous sur les possibilités de collecte si vous êtes un gros générateur d'huiles usées, ou demandez à votre restaurant du coin s'il accepterait de mettre vos huiles usées dans son bac (les commerçants vendent parfois leurs huiles usées aux valorisateurs).

LÉGUMES CRUS ET CUITS (PELURES ET RÉSIDUS)

Qu'ils soient crus ou cuits, les pelures et les résidus des légumes sont acceptables pour toutes les méthodes de compostage. Mais savez-vous qu'une façon encore plus écologique de valoriser les pelures consiste à les utiliser en cuisine (voir encadré) ? Bien que les légumes crus soient plus riches en éléments minéraux, les légumes cuits ne doivent pas être écartés pour autant, à condition qu'ils n'aient pas été cuits avec des quantités astronomiques de sel. Attention, si l'excès de sel n'est pas bon pour vous, il ne l'est pas non plus pour les organismes responsables de la décomposition. Concernant les légumes qui sont issus de l'agriculture industrielle, voyez l'encadré de la page 43.

Lorsque vous faites le ménage du réfrigérateur et que vous trouvez avec désolation des légumes peu ragoûtants, n'hésitez pas à les diriger vers le compostage. Si ce n'est pas réjouissant de gaspiller des légumes, vous pourrez au moins vous consoler en pensant qu'ils ne sont pas totalement perdus. En fait, sans le vouloir, vous avez fait du précompostage…

UN BOUILLON DE LÉGUMES ÉCONOLOGIQUE

Savez-vous que la plupart des vitamines et des minéraux sont contenus dans les pelures de légumes ? Avant de les diriger au compost, pourquoi ne pas conserver vos pelures et résidus de légumes (feuilles et pelures de carottes, pelures d'oignons, de concombres, trognons de poivrons, etc.) pour faire un bon bouillon ? Pour ce faire, privilégiez les pelures et résidus des légumes bio (c'est aussi dans la pelure que se concentrent les pesticides) et assurez-vous qu'ils sont propres et sains. Rassemblez-les dans un sac au réfrigérateur ou au congélateur. Quand vous aurez accumulé suffisamment de résidus, procéder comme suit : faites sauter les résidus quelques minutes dans l'huile, couvrez d'eau, assaisonnez au goût et laissez mijoter jusqu'à réduction de moitié puis filtrez. Vous obtiendrez un bouillon économique, écologique et savoureux.

LÉGUMINEUSES

Les légumineuses (crues ou cuites) de même que le tofu peuvent être utilisés sans restriction dans tous les types de compostage.

MAÏS (ÉPIS ET PELURES)

Les épis et les pelures de maïs peuvent être compostés sans restriction dans le compostage de moyen et grand volume, mais seront écartés du vermicompostage (à cause du volume qu'ils occupent et de la lenteur de leur décomposition, quoique les vers en raffolent). Dans le cas du compostage domestique et du compostage de moyen volume, on a avantage à couper les épis de maïs en petites sections pour en faciliter la décomposition. Autrement, on les retrouve presque en entier un an plus tard.

Couper les épis de maïs en petites sections permet de faciliter leur décomposition.

MOLLUSQUES (MOULES, HUÎTRES, PALOURDES)

Les coquilles des mollusques doivent être écartées du vermicompostage. Elles doivent être utilisées avec discernement dans le compostage domestique et le compostage de moyen volume, car les odeurs qu'elles dégagent pourraient attirer des indésirables. De plus, elles risquent de prendre de nombreuses années à se décomposer. C'est pourquoi les coquilles de mollusques doivent être préalablement lavées puis broyées. Toutefois, elles pourront être utilisées sans restriction dans le compostage de gros volume. Une autre façon de valoriser les coquilles de mollusques consiste à les utiliser au jardin comme barrière contre les limaces après les avoir lavées et broyées grossièrement.

PAILLE

La paille, qui est en fait un résidu de la récolte des poacées (graminées) telles que blé, avoine, ou orge, se présente en ballot et sert habituellement de litière aux animaux d'élevage. Elle peut être compostée selon toutes les méthodes, sauf pour le vermicompostage. Une bonne façon de trouver de la paille gratuite est de recueillir les ballots de paille qui servent aux décorations d'Halloween et qui se retrouvent souvent aux ordures le lendemain de la fête. (Quel gaspillage !) Les ballots de paille peuvent contenir d'importantes quantités de graines (cette caractéristique est variable selon la graminée et la méthode utilisée pour récolter la paille). Pour contourner le

Les ballots de paille utilisés comme décoration d'Halloween peuvent être compostés.

problème, deux solutions sont possibles. Soit, vous ne faites rien, alors les graines germeront dans le compost et lorsque vous mélangerez ce dernier, les germes s'ajouteront à la masse en décomposition. Soit, vous séparez les sections de votre ballot de paille et les secouez énergiquement sur une toile pour en faire sortir les graines avant de composter la paille. La paille peut également constituer un paillis très intéressant au potager. Pour cet usage, vous avez intérêt à procéder tel que décrit précédemment pour éviter que trop de graines ne germent au jardin.

PAIN SÉCHÉ OU RASSIS

Les restants de pain séché ou rassis peuvent être compostés selon toutes les méthodes de compostage. Toutefois, dans le cas du vermicompostage, il serait sage de ne pas exagérer les quantités, afin d'éviter que des moisissures ne se développent en surface (et dégagent des spores nuisibles à votre santé) avant que les vers ne s'y intéressent.

Votre pain sec pourra faire le bonheur des oiseaux, mais évitez de trop leur en donner, car il ne s'agit pas d'un aliment suffisamment concentré en éléments nutritifs pour eux. Vous pourriez par contre les intégrer à des blocs de suifs maison fabriqués avec votre huile et graisse de cuisson, des restants de céréales ou de noix et vos fonds de pots de beurre d'arachides.

PAPIER JOURNAL

La meilleure façon de valoriser le papier journal demeure le recyclage. Cependant, il est aussi possible de le composter après une certaine préparation, et ce, dans toutes

les méthodes de compostage. En effet, contrairement à d'autres papiers, le papier journal est fabriqué principalement à partir d'un procédé mécanique qui transforme les copeaux de bois en pâte de papier, sans ajout de produits chimiques. À noter que l'encre noire utilisée aujourd'hui est d'origine végétale, ce qui n'était pas le cas autrefois, alors qu'on retrouvait du plomb dans l'encre du papier journal. Par contre, l'encre de couleur, qui est de plus en plus utilisée dans l'impression des journaux, est susceptible de contenir des métaux lourds qui sont potentiellement toxiques pour tous les organismes vivants. Seule l'encre de couleur qui porte la mention « encre végétale » est sans risque. Malheureusement, il est souvent impossible de le vérifier. Pour utiliser le papier journal dans le compostage, il importe de le préparer adéquatement. Dans un premier temps, il faudra effectuer une sélection en mettant de côté les feuilles de papier journal qui sont imprimées avec de l'encre de couleur. Si vous faites l'exercice avec votre quotidien, vous réaliserez très vite que les pages imprimées avec de l'encre noire se résument parfois aux petites annonces, aux pages de la bourse et… aux avis de décès. Ensuite, vous aurez avantage à découper ou à déchirer les pages sélectionnées en bandelettes, ou à les déchiqueter à l'aide d'une déchiqueteuse de bureau. Avec tout ce travail, même s'il est plus sage de privilégier le recyclage, quand il est déchiqueté, le papier journal demeure un matériau intéressant dans le vermicompostage. Enfin, une bonne façon de réduire l'utilisation du papier journal est d'opter pour la version électronique de votre quotidien.

Un truc pratique consiste à placer une feuille de papier journal dans le fond du récupérateur de cuisine comme vous le verrez dans le chapitre 3. Enfin, il est aussi possible d'utiliser le papier journal comme coupe-végétation dans un secteur du jardin que vous désirez aménager éventuellement, et ce, sans avoir à détruire le gazon. Il s'agit de placer plusieurs couches de papier journal, de l'humidifier et finalement de le couvrir d'une épaisse couche de paillis (10 à 15 cm). Enfin, il faudra être patient, car vous ne pourrez pas cultiver dans cette section de votre jardin avant au moins un an, en fait jusqu'à ce que le papier journal soit presque complètement décomposé. À ce moment, vous n'aurez qu'à écarter le paillis pour y installer vos plantes. Certains jardiniers utilisent de la terre à la place du paillis, mais cette méthode n'est pas sans risque parce que la terre achetée n'est pas toujours de bonne qualité. De plus, avec cette dernière, il est possible d'introduire certains éléments indésirables (insectes ravageurs, semences de plantes adventices, etc.). Pour plus d'information, consultez *Le jardinage éconologique*, chapitre 1 *Acheter de la terre : un réflexe pas toujours justifié.*

PAPIERS FINS

Les papiers fins de bureau doivent être écartés de tous les types de compostage. D'une part, ce sont des fibres d'excellente qualité qui ont une bonne valeur sur le marché du recyclage. D'autre part, les papiers blanchis avec du chlore peuvent contenir des dioxines et des organochlorés. Pour ces raisons, il est préférable de ne pas les composter.

Pour éviter le gaspillage des ressources, procurez-vous des papiers fins constitués en grande partie de matériaux recyclés, utilisez les deux faces du papier et en fin de course, déposez les papiers fins dans votre bac de recyclage. Si la collecte de matières recyclables n'est pas disponible à votre porte, informez-vous auprès de votre municipalité pour connaître les emplacements des bacs de recyclage collectifs.

PAPIERS-MOUCHOIRS

Les papiers-mouchoirs sont fabriqués selon un procédé chimique qui permet de blanchir le papier. De plus, par leur fonction, les papiers-mouchoirs sont souvent contaminés avec des organismes potentiellement pathogènes pour les humains. Pour ces raisons, les papiers-mouchoirs seront écartés de la majorité des méthodes de compostage, bien qu'ils soient parfois acceptés dans le compostage de gros volume. Si vous bénéficiez d'une collecte municipale, informez-vous pour savoir si vos papiers-mouchoirs y sont acceptés.

PÂTES ALIMENTAIRES

Les restants de pâtes alimentaires peuvent être compostés selon toutes les méthodes de compostage. Pour ce qui concerne le compostage domestique et le vermicompostage, il faudra toutefois éviter que de la viande, des poissons ou des crustacés y soient associés.

PLANTES ADVENTICES (MAUVAISES HERBES)

Les plantes adventices (voir encadré), ces mal-aimées, sont parfois écartées systématiquement du compostage, de crainte qu'elles prolifèrent dans le compost et ensuite au jardin. C'est dommage, puisque ces plantes peuvent contribuer à enrichir le compost étant donné qu'elles contiennent souvent d'importantes quantités d'éléments minéraux. Si vous désherbez régulièrement votre jardin et que tout ce que vous recueillez ce sont des tiges, des racines, des feuilles et de jeunes fleurs en formation, il n'y a vraiment aucun problème à composter ces plantes. Par contre, les plantes adventices qui sont en graines ou sur le point de l'être, de même que les plantes à rhizomes (système de tiges souterraines qui peuvent émettre de nouvelles tiges aériennes) doivent être compostées avec discernement dans le cas du compostage domestique étant donné que le peu de chaleur générée ne permet pas toujours de détruire les graines et les rhizomes des plantes adventices. Heureusement, vous pourrez adopter différentes stratégies décrites dans l'encadré qui suit. Les plantes adventices doivent être écartées du vermicompostage, alors qu'elles seront compostées sous contrôle dans le compostage de moyen et grand volume.

LES PLANTES ADVENTICES

Les plantes qu'on surnomme souvent les « mauvaises herbes » ne méritent pas toujours ce qualificatif négatif. Heureusement, il existe un autre terme beaucoup moins péjoratif pour définir les plantes qui poussent dans un endroit où elles n'ont pas été invitées. Il s'agit de « plantes adventices ».

En fait, peu de plantes peuvent vraiment être qualifiées de mauvaises et plusieurs « indésirables » ont des propriétés très intéressantes. À titre d'exemple, le pissenlit possède des vertus culinaires et médicinales très recherchées. D'ailleurs, vous serez peut-être surpris d'apprendre que certains fournisseurs de semences offrent des graines de pissenlits. D'autre part, certaines plantes considérées comme des mauvaises herbes sont des plantes indigènes bien de chez nous qui méritent d'être respectées dans leur territoire naturel.

Les plantes adventices ne doivent pas être écartées systématiquement du compostage.

Lorsque vous observerez des plantes qui poussent au mauvais endroit ou au mauvais moment, pensez maintenant qu'il s'agit de plantes adventices. Cette nouvelle habitude vous entraînera sans doute à voir ces plantes autrement et ainsi à ne plus tenter de les exterminer à tout prix, et ce, au détriment de l'environnement et de la santé de tous.

La renouée japonaise est une plante exotique envahissante qui doit être écartée du compostage domestique.

Certaines plantes adventices peuvent tout de même porter le qualificatif de plantes indésirables puisqu'elles causent préjudice à la santé ou à l'environnement. Parmi celles-ci: l'herbe à poux, l'herbe à puce et certaines plantes exotiques envahissantes, dont la renouée japonaise, le roseau commun et la berce du Caucase. Ces plantes ne doivent pas être utilisées dans le compostage domestique et le vermicompostage. Elles doivent être gérées avec beaucoup de rigueur dans le compostage à moyenne et grande échelle.

DES STRATÉGIES POUR PROFITER DE L'APPORT EN ÉLÉMENTS MINÉRAUX DES PLANTES ADVENTICES SANS RISQUE

1. Désherbez régulièrement, vous récolterez ainsi peu de plantes en graines.
2. Maintenez toujours une humidité adéquate dans votre compost et brassez-le régulièrement (voir la section « L'entretien du compost » du chapitre 3 *Le compostage domestique*). De cette façon, les graines potentiellement viables germeront dans le compost et les jeunes plantes s'ajouteront à la matière en décomposition.
3. Maintenez votre composteur fermé, particulièrement lorsque les graines de plantes adventices prolifèrent abondamment dans l'environnement.
4. Mettez de côté les fleurs qui sont transformées en graines ou sur le point de l'être (les pissenlits par exemple lorsque les capitules sont déployés) et compostez toutes les autres parties des plantes (tiges, racines, feuilles, jeunes fleurs).
5. Faites sécher les plantes adventices qui comportent un système de rhizome sur le dessus ou à côté du composteur. Lorsque les rhizomes seront cassants, ils pourront être compostés sans risque.

6. Fabriquez un extrait de plantes (appelé aussi purin de plantes) avec les plantes qui sont en graines ou sur le point de l'être et les plantes à rhizomes. Pour ce faire, placez les plantes dans un seau de plastique, couvrez d'eau, refermez le seau et laissez macérer pendant une dizaine de jours en brassant quotidiennement. Durant cette période, les graines et les rhizomes vont littéralement pourrir; ils seront donc non viables. Lorsqu'il n'y a plus d'écume à la surface, cela indique que le traitement est terminé; il faut alors agir sans tarder, autrement le tout pourrait générer des odeurs nauséabondes. Vous aurez alors le choix entre mettre le tout au compost (extrait et plantes décomposées), ce qui aura pour effet d'activer la décomposition. Mais vous pourrez également utiliser l'extrait comme fertilisant d'appoint au jardin en le diluant (une partie d'extrait pour neuf parties d'eau). Si vous optez pour cette méthode, soyez très vigilant, car un extrait de plante qui est mal géré peut entraîner des odeurs très désagréables.

PLANTES HERBACÉES CULTIVÉES

Les plantes herbacées cultivées au jardin (plantes ornementales, légumières, aromatiques) peuvent être compostées sans problème selon toutes les méthodes, mis à part le vermicompostage à cause du risque d'introduire des organismes indésirables. Dans le cas du compostage domestique, il faut cependant être vigilant lorsque les plantes sont malades ou infestées d'insectes ou encore si elles ont été traitées avec des pesticides (voir les sections suivantes qui traitent spécifiquement de ces sujets). Même chose pour les plantes réputées pour être très envahissantes par leurs graines (myosotis, nicandra, etc.) ou par leurs rhizomes (ægopodium, menthe). Pour ces dernières, il s'agira de faire sécher les plantes sur le sol autour du composteur jusqu'à ce que les rhizomes soient secs et non viables. Dans les deux cas, il pourrait être intéressant de fabriquer un extrait tel que décrit dans l'encadré qui traite des plantes adventices. Mais pour la majorité des plantes, il n'y a aucun problème lorsqu'elles sont en graines. En fait, lorsque vous avez un bon suivi du processus de compostage, les graines germent, les jeunes plants meurent en l'absence de lumière et s'ajoutent à la masse en décomposition. Enfin, si malgré tout, des graines de plantes cultivées demeurent viables jusqu'à ce que le compost soit appliqué au jardin, vous aurez peut-être l'agréable surprise de voir surgir des plants de légumes, de fines herbes ou de fleurs diversifiés à certains endroits dans votre jardin. C'est ce qu'on pourrait appeler « un beau problème ». Mais si, comme moi, vous avez la bonne habitude d'utiliser des paillis sur vos platebandes et vos planches de culture du potager, les graines qui sont potentiellement viables vont germer sous le paillis et se décomposer sous celui-ci.

PLANTES D'INTÉRIEUR

Les feuilles fanées des plantes d'intérieur peuvent être compostées sans risque, et ce, pour toutes les méthodes de compostage (y compris le vermicompostage). La seule restriction est associée au terreau qui a été utilisé (voir la section « Terreaux d'empotage »).

PLANTES MALADES OU INFESTÉES D'INSECTES

Les plantes malades ou infestées d'insectes pourront être compostées selon des méthodes contrôlées, soit dans le compostage de moyen et gros volume. Elles seront totalement exclues dans le vermicompostage (à l'exception des plantes d'intérieur) et devront être utilisées avec discernement dans le compostage domestique. Concernant les plantes infestées d'insectes, leur compostage est habituellement sans risque puisque le compost « fourmille » de nombreux prédateurs qui se nourriront allègrement de ces insectes. De plus, parce que les insectes ravageurs ont besoin de plantes fraîches pour proliférer, ils ne se multiplieront pas dans votre composteur. Mais pour les plantes malades, il faudra être plus prudent. En fait, si les plantes que vous désirez composter comportent quelques petites taches, cela ne devrait pas vous empêcher de le faire. Par contre, si la plante est très affectée et s'il s'agit d'une maladie particulièrement virulente telle que le mildiou (ne pas confondre avec l'oïdium qui est beaucoup moins risqué), il sera préférable de l'écarter du compost. Il faut savoir que dans le compostage domestique, l'élévation de température est souvent insuffisante pour permettre la destruction des agents pathogènes responsables des maladies des plantes. C'est donc dire que si vous arrivez à faire du compost qui chauffe tel que décrit dans le chapitre 4, vous n'aurez rien à craindre.

PLANTES TRAITÉES AVEC DES PESTICIDES

Les plantes qui ont été traitées avec des pesticides (insecticides, herbicides, fongicides) devraient être écartées de la plupart des méthodes de compostage, principalement s'il s'agit de pesticides de synthèse. Seul le compostage de grand volume pourrait en permettre une certaine quantité, quoique ça ne soit pas idéal. Les pesticides sont par définition des produits potentiellement toxiques pour les organismes responsables de la décomposition, mais aussi pour nous, les humains. En raison de tous les risques pour la santé et pour l'environnement reliés à l'utilisation des pesticides de synthèse, ces derniers devraient être totalement bannis en milieu urbain où vivent la majorité des gens ou encore lorsque les plantes visées sont destinées à la consommation humaine. Quant aux pesticides à faibles impacts, tels que le savon insecticide et la terre de diatomée, ils peuvent aussi être toxiques, mais à un degré moindre, pour les organismes non visés tels que les insectes pollinisateurs et prédateurs. L'approche écologique du jardinage est basée principalement sur des méthodes préventives qui visent à éviter les problèmes de ravageurs et de maladies. Les pesticides, même les plus naturels, ne doivent être utilisés qu'en derniers recours. Heureusement, les plantes qui auront été traitées avec des pesticides à faibles impacts pourront être compostées deux ou trois jours après le traitement, puisque la plupart de ces produits n'ont pas d'effets persistants.

POILS D'ANIMAUX

Les poils de « Pitou » et de « Minoune » pourront être compostés sans aucune restriction dans toutes les méthodes de compostage. Mais si vous recherchez une méthode originale pour valoriser autrement les poils de votre chien ou de votre chat (et si vous avez de la patience et de la dextérité), sachez que vous pourrez les filer et tricoter la laine obtenue, comme on le fait avec la laine des moutons. En effet, avec un peu d'expérience... et de patience, vous pourrez un jour porter une tuque, un foulard ou un chandail confectionné avec la fourrure de votre animal préféré.

POISSONS

Les résidus de poissons doivent être exclus du compostage domestique et du vermicompostage en raison des problèmes d'odeur qu'ils pourraient créer. De plus, ils risquent d'attirer de petits mammifères indésirables (tels que le chien du voisin ou une moufette en cavale). Ils doivent également être écartés du compostage de moyen volume, mais pourront être utilisés sans restriction dans le compostage de grand volume.

PRODUITS LAITIERS

Les produits laitiers (lait, yogourt, fromage) doivent être exclus du compostage domestique et du vermicompostage, parce qu'ils sont susceptibles d'entraîner des problèmes d'odeur et d'attirer des petits mammifères (dans le cas du compostage domestique). Ils pourront être utilisés avec prudence dans le compostage de moyen volume, mais seront sans risque dans le compostage de grand volume.

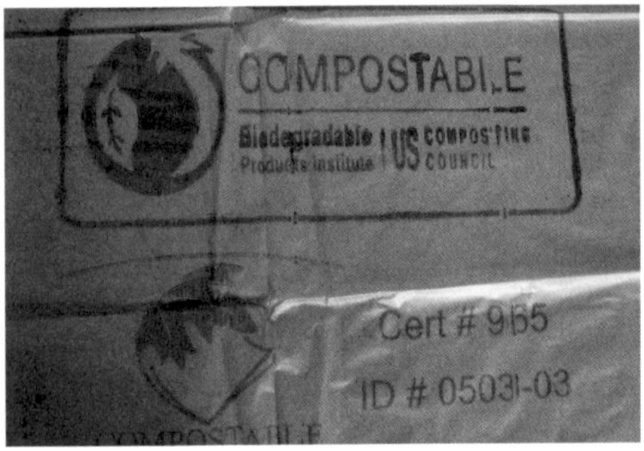

Les sacs compostables doivent comporter une certification et être dirigés essentiellement vers le compostage à grande échelle.

SACS COMPOSTABLES

Les sacs dits compostables ne sont pas compostables dans toutes les situations, comme on pourrait le croire. En fait, ils doivent être dirigés exclusivement vers le compostage de grand volume (compostage industriel), et ce, à condition qu'il s'agisse de sacs approuvés par un organisme de certification tel que le BNQ (Bureau de normalisation du Québec). En fait, pour être considérés compostables, les sacs doivent se dégrader à la même vitesse et dans les mêmes conditions que les résidus organiques et ne laisser aucun résidu. Ainsi, il n'est pas souhaitable de les utiliser dans le compostage domestique et le vermicompostage puisque dans ces méthodes, la décomposition est plus lente. De plus, la présence des sacs risque de créer des zones dépourvues d'air, ce qui nuira d'autant à la décomposition en plus de créer des problèmes d'odeur. Les sacs compostables devront être utilisés avec discernement dans le compostage de moyen volume. Même s'ils ont comme avantage de diminuer le temps alloué au nettoyage des bacs et par conséquent les coûts de main-d'œuvre, il faut s'assurer que le processus de compostage soit adéquat.

Enfin, l'impact social et environnemental de l'utilisation des sacs compostables est à considérer. Pour fabriquer ces derniers, qui sont habituellement faits à partir d'amidon de maïs ou de canne à sucre, des terres agricoles doivent leur être consacrées. Cette situation a un impact négatif sur la production agricole à vocation alimentaire. De plus, il faut penser à l'énergie utilisée pour produire et transporter ces sacs. De plus, leur coût unitaire est parfois important. Pour toutes ces raisons, l'utilisation des sacs composables est un pensez-y-bien !

SACS DE PLASTIQUE

Les sacs de plastique (voir encadré), qu'ils soient biodégradables ou non, doivent être écartés de toutes les méthodes de compostage. Et cela inclut les sacs oxobiodégradables. Ces derniers sont des produits de plastique à base de pétrole auxquels un additif a été ajouté afin qu'ils se dégradent en petits fragments de plastique. Ces sacs se dégradent trop lentement pour être intégrés dans le compost et ils risquent de contenir des ions métalliques qui le contamineraient.

Les sacs de plastique peuvent être réutilisés comme sacs de poubelles. Ils sont parfois acceptés dans la collecte des matières recyclables de certaines municipalités (à l'exception des sacs oxobiodégradables qui sont considérés comme des contaminants). Finalement, la meilleure pratique consiste à éviter les sacs de plastique à usage unique et à privilégier les sacs réutilisables.

DES SACS DE PLASTIQUE PERSISTANTS

Les sacs de plastique généralement constitués de polyéthylène ont une durée d'utilisation réduite alors qu'ils peuvent mettre jusqu'à 450 ans pour se dégrader dans l'environnement. Parce qu'ils sont facilement dispersés par le vent, ils constituent une nuisance visuelle et peuvent causer préjudice à la faune ailée et marine. La meilleure approche pour minimiser cet important problème demeure la réduction à la source. Si ce n'est déjà fait, procurez-vous des sacs réutilisables faits de tissu ou de plastique recyclé. Mais sachez cependant qu'une surconsommation de sacs réutilisables est aussi préjudiciable à l'environnement, alors mieux vaut les laver et les réutiliser souvent.

Les sacs de plastique constituent une nuisance visuelle lorsqu'ils sont dispersés par le vent.

SAC DE L'ASPIRATEUR (CONTENU)

Le contenu du sac de l'aspirateur est, la plupart du temps, très varié. Même si plusieurs menus détritus recueillis dans le sac de l'aspirateur sont organiques (cheveux, poils d'animaux, insectes, etc.), d'autres sont synthétiques (plastiques, fibres synthétiques, peintures, etc.). Pour cette raison, il faut éviter d'utiliser le contenu du sac de l'aspirateur dans toutes les méthodes de compostage.

SACS DE PAPIER BRUN

La meilleure approche concernant les sacs de papier brun est de les réutiliser, mais on peut aussi les recycler. Comme troisième choix, les sacs de papier brun peuvent être compostés selon toutes les méthodes de compostage. Enfin, l'usage des sacs de papier brun devrait être limité, car leur fabrication est dommageable pour l'environnement. En effet, les spécialistes qui analysent les impacts à chaque étape

du cycle de vie nous rappellent que les sacs de papier affectent les écosystèmes via l'abattage des arbres, requièrent une grande quantité d'eau et créent de la pollution atmosphérique et aquatique. Cependant, le papier est une ressource renouvelable et biodégradable, ce qui n'est pas le cas pour les sacs de plastique. Alors le choix revient au consommateur, en fonction de ses valeurs.

SAMARES DES ARBRES

Les samares, que certains surnomment « hélicoptères », sont en fait les fruits de certains arbres (érables, ormes, frênes, etc.). Elles peuvent être compostées sans problème dans la plupart des méthodes de compostage. En effet, lorsque le suivi du compostage est adéquat, particulièrement en ce qui a trait à l'humidité, les samares germent et se décomposent facilement. La seule exception concerne le vermicompostage, car dans cette méthode, il vaut mieux éviter les matériaux qui proviennent de l'extérieur.

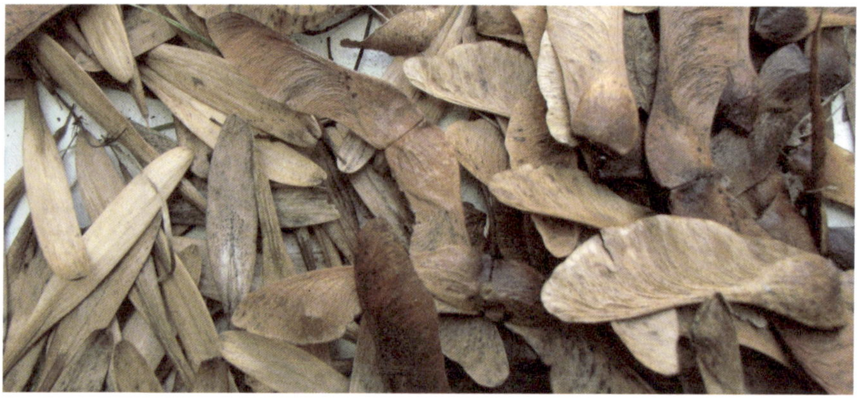

Samares de frênes et d'érables.

TERRE DE JARDIN

La terre de votre jardin trouvera la meilleure place qui soit… dans votre jardin. Elle pourra cependant être très utile en petites quantités pour ajouter de la vie dans le compost domestique et le compost de moyen volume puisqu'en apportant de la terre, on ajoute en même temps des organismes décomposeurs (micro-organismes, vers de terre, etc.). Toutefois, il vaut mieux ne pas exagérer la quantité de terre afin de ne pas alourdir le compost. La terre de jardin ne doit pas être utilisée dans le vermicompostage.

TERREAUX D'EMPOTAGE

Habituellement utilisés pour les plantes d'intérieur et les plantes d'extérieur cultivées en pot, les terreaux qui sont fabriqués avec des ingrédients naturels (terre, tourbe de sphaigne, compost, vermiculite, perlite, etc.) peuvent être compostés sans risque. Cependant, les terreaux contenant des ingrédients synthétiques tels que des petites billes de styromousse (contrairement aux petites billes de perlite qui s'écrasent sous l'effet de la pression, celles de styromousse rebondissent) ou encore des cristaux de rétention d'eau doivent être écartés du compostage de la plupart des méthodes de compostage, à l'exception du compostage de grand volume. Pour le bien de l'environnement, évitez d'acheter ces terreaux de même que les plantes qui sont vendues dans ce type de terreau.

THUYA (RÉSIDUS DE TAILLE)

À cause de leur acidité et des composés répulsifs qu'ils contiennent, les résidus de taille des thuyas (communément appelés cèdres) ne devraient pas être compostés en trop grande quantité dans le cas du compostage domestique. Dans le compostage de moyen et grand volume, on verra à compenser ces caractéristiques en mélangeant les résidus de taille des thuyas avec des matériaux diversifiés. En fait, une bonne façon de valoriser ces résidus consiste à les laisser sur place à la base des thuyas après la taille. Ils feront ainsi office de paillis et vous n'aurez pas à vous précipiter à la jardinerie pour acheter du paillis… de cèdre. Enfin, certaines entreprises fabriquent des huiles essentielles avec les résidus de taille des thuyas.

TISANES ET THÉS (RÉSIDUS ET SACHETS)

Les résidus et les sachets de thés et de tisanes peuvent être compostés selon toutes les méthodes de compostage. Et il n'y a surtout pas à s'inquiéter pour la petite corde, le petit carton et même l'agrafe de métal des sachets, car cet apport est négligeable. Cependant, de nouveaux sachets en plastique sont apparus sur le marché au cours des dernières années. Ouvrez ces derniers pour ne composter que leur contenu ou mieux, évitez de les acheter.

TISSUS DE FIBRES NATURELLES

Bien que les tissus de fibres naturelles (coton, lin, laine, chanvre, etc.) non colorés artificiellement puissent se composter dans la plupart des méthodes, la meilleure façon de les valoriser demeure le recyclage et la réutilisation. Un petit truc pratique consiste à utiliser des bandelettes de coton naturel comme attaches pour fixer les plants de tomates à leur tuteur. De cette façon, les attaches pourront être compostées avec les plants en fin de saison.

Cephas, Wikimedia Commons

Les tourbières sont des milieux naturels riches.

TOURBE DE SPHAIGNE

Même si la tourbe de sphaigne, communément appelée « mousse de tourbe », soit souvent intégrée dans les composts commerciaux, il faut savoir que l'utilisation de la tourbe de sphaigne en tant qu'intrant dans le compostage n'est pas sans conséquence sur la dégradation des tourbières. De fait, les tourbières sont des milieux naturels riches en faune et en flore, qui agissent à la manière d'un rein en filtrant l'eau qui les traverse. De plus, la tourbe de sphaigne est acide et son apport en éléments minéraux est négligeable. Retenons que l'utilisation de la tourbe de sphaigne en jardinage devrait être limitée à la plantation des plantes acidophiles ou comme paillis pour ces dernières.

URINE HUMAINE

Contrairement aux selles, l'urine d'une personne en santé ne contient pas d'agents pathogènes. Étant donné son important contenu en azote, certains pourront être tentés d'ajouter de l'urine au compost. Cette pratique, quoique sans risque pour la transmission de maladies, peut toutefois générer des problèmes d'odeurs désagréables; c'est pourquoi elle devrait être évitée en milieu urbain. Si vous voulez tenter l'expérience, assurez-vous de diluer l'urine dans au moins trois parties d'eau.

VAISSELLE COMPOSTABLE

La vaisselle et les autres produits que l'on dit compostables sont constitués de bioplastique, de bagasse (résidus fibreux de l'extraction de la canne à sucre) ou d'amidon (maïs, pomme de terre, etc.). Attention, tous les produits soi-disant compostables ne sont pas aussi compostables qu'on pourrait le croire. Dans un premier temps, au Canada, on doit s'assurer que le produit en question soit un produit certifié « compostable ». Pour détenir cette certification, certains critères doivent être respectés, dont celui d'avoir un taux de désintégration d'au moins 90 % en moins de 84 jours dans un procédé de compostage. Même certifiés, ces produits peuvent être dirigés essentiellement vers le compostage de gros volume. Ils doivent être écartés du compostage domestique, du vermicompostage, car dans ces cas, la décomposition n'est pas suffisamment rapide. Ils doivent être utilisés avec discernement dans le compostage de moyen volume. Finalement, l'emploi de la vaisselle réutilisable demeure le meilleur choix en matière d'environnement.

VERRE, PLASTIQUE, MÉTAL

Bien sûr, le verre, le métal et le plastique (majoritairement des contenants) ne doivent jamais se retrouver au compost. Heureusement, ils sont récupérés par la plupart des municipalités, dans le but de les recycler. Cette pratique, après la réduction à la source et la réutilisation, demeure un bon choix en faveur de l'environnement. Si vous ne profitez pas d'un système de collecte porte-à-porte, informez-vous auprès de votre municipalité pour connaître les endroits où sont disposés les conteneurs de dépôt volontaire.

VIANDES, OS ET CHARCUTERIES

Les viandes, les os et les charcuteries doivent être totalement écartés du compostage domestique, du vermicompostage et du compostage de moyen volume pour plusieurs raisons. D'abord, ces méthodes ne chauffent souvent pas adéquatement pour empêcher la prolifération des bactéries potentiellement dangereuses pour la santé humaine, dont la salmonelle et *E. Coli*. De plus, ces matières peuvent engendrer des problèmes d'odeur. Enfin, les viandes, les os et les charcuteries sont susceptibles de servir d'appâts pour les petits mammifères (rat, moufette, raton laveur, etc.). Ils pourront être dirigés vers le compostage de grand volume. Toutefois, les viandes, les os et les charcuteries causent parfois des problèmes d'odeur et d'asticots de mouche lors de la collecte municipale estivale des matières compostables. Pour éviter ce problème, une bonne habitude consiste à emballer ces produits dans des feuilles de papier journal. Autrement, il est possible de les mettre au congélateur en attendant la collecte.

CHAPITRE 3

LE COMPOSTAGE DOMESTIQUE :

COMPOSTER CHEZ SOI, TOUT SIMPLEMENT

Composter chez soi, c'est d'abord et avant tout poser un geste concret pour la protection de notre planète. À une époque où les préjudices causés à l'environnement sont régulièrement sur la sellette, il est primordial de se demander ce que nous pouvons faire dans la vie de tous les jours pour diminuer l'impact négatif de nos comportements. Le compostage domestique associé à la réduction, la réutilisation et la récupération fait partie des gestes qui, au total, peuvent contribuer à réduire de façon significative le volume des déchets que nous générons et par le fait même, notre empreinte écologique (voir encadré).

Comparé aux autres méthodes de compostage, le compostage domestique est la méthode la plus éconologique (écologique et économique) qui soit pour valoriser les déchets organiques domestiques. Pas de transport ni de procédés sophistiqués pour valoriser la matière organique avec l'utilisation de sources d'énergie (pétrole, électricité, etc.) et l'émission de GES que cela implique. On produit des déchets chez soi, on les valorise chez soi et on utilise le produit final chez soi. Un bel exemple de « cycle de vie » court, donc une pratique exemplaire en matière d'environnement.

La pratique du compostage domestique permet d'économiser collectivement et individuellement. Dans un contexte idéal, si tous les citoyens qui en ont la possibilité (le fait d'avoir accès à un petit coin de terrain étant essentiel) pratiquaient le compostage domestique, ce sont des millions de dollars que l'on économiserait comme société. Imaginez les frais de transport et de traitement (incinérateur, lieu d'enfouissement, compostage industriel ou biométhanisation) que l'on pourrait éviter. On peut bien

L'EMPREINTE ÉCOLOGIQUE

L'empreinte écologique est une estimation de la superficie de terre requise pour subvenir à nos besoins selon notre mode de vie. Notre empreinte écologique nous permet de mesurer notre influence directe sur la nature. Pour calculer votre empreinte écologique, entrez « empreinte écologique » sur un moteur de recherche Internet. Vous trouverez ainsi plusieurs sites qui vous suggéreront une méthode simple pour effectuer ce calcul. Attention, le résultat pourrait vous bouleverser et vous faire réfléchir…

rêver ! À l'échelle individuelle, le compostage domestique permet d'économiser sur l'achat de compost, cet amendement si essentiel pour toutes les cultures. De fait, une famille de quatre personnes peut économiser annuellement de 50 $ à 100 $ sur l'achat de compost si elle composte les 748 kg de matières résiduelles organiques (considérant que chaque citoyen dépose en bordure de rue 396 kg de matières résiduelles et que 47 % de ces dernières sont des matières organiques. Tiré du document *Caractérisation des matières résiduelles du secteur résidentiel au Québec 2012-2013*) qu'elle génère en moyenne. Et cet impact économique sera d'autant plus intéressant si le système de compostage n'a pas nécessité un investissement trop important (voir la section « Les systèmes de compostage »).

Un autre avantage du compostage domestique est qu'il permet d'exercer un contrôle sur la qualité du produit fini : le compost. En effet, lorsque vous fabriquez votre propre compost, vous contrôlez les intrants, c'est-à-dire les matériaux que vous compostez. Vous pouvez donc vous porter garant de la qualité du produit fini. Dans le chapitre précédent, vous avez été en mesure de constater quels étaient les matériaux à privilégier et ceux à éviter dans les différents types de compostage. Si vous respectez le choix des matériaux qui sont spécifiques au compostage domestique, comme moi, vous n'aurez aucun scrupule à mettre le compost que vous aurez produit au pied de vos plants de tomates.

Même si le compostage domestique peut demander un peu d'efforts au début, il deviendra sans doute après quelques mois une activité simple qui sera intégrée à votre quotidien, au même titre que la récupération l'est sans doute déjà. Si vous êtes de ceux qui croient ne pas pouvoir faire de compostage domestique parce qu'ils n'ont pas le temps, détrompez-vous. Une fois la période d'adaptation passée, vous ne consacrerez qu'une moyenne de 15 minutes par semaine à cette activité. En fait, ce n'est pas vous qui devrez faire le plus gros du travail, mais les organismes décomposeurs que sont les micro-organismes, les vers, etc., tels que décrits dans le premier chapitre. D'ailleurs, comme nous le verrons plus loin, si vous leur offrez de bonnes conditions de travail, ces petits employés bénévoles travailleront efficacement et sans relâche.

Enfin, le compostage domestique est une activité à la fois fascinante et très valorisante. Voir se transformer sous nos yeux des matériaux considérés comme des déchets en un amendement extraordinaire qu'est le compost, tout en ayant l'impression de participer au mieux-être de la planète, fera du compostage domestique une activité dont vous ne pourrez sans doute plus vous passer. Eh oui, on peut devenir « accro » du compostage ! Et le « beau risque », c'est que cette maladie se transmet de génération en génération.

LES MATÉRIAUX COMPOSTABLES

Comme nous l'avons vu dans le chapitre précédent, les matériaux que l'on peut composter ou non diffèrent selon le mode de compostage. Dans le cas du compostage domestique, les matériaux utilisés sont presque exclusivement des matériaux organiques d'origine végétale. Ils sont principalement constitués de résidus de la cuisine et du jardin destinés à la poubelle. Pour faciliter la gestion du compostage, les matériaux sont habituellement classés en deux catégories. En langage courant, on les appelle les matériaux verts et les matériaux bruns. Les matériaux verts sont en réalité des matériaux qu'on dit riches en azote. Ils sont souvent verts, mais pas nécessairement, et sont humides la plupart du temps. Alors que les matériaux bruns sont des matériaux riches en carbone, ils sont plus ou moins brunâtres et plutôt secs (même s'ils portent tout de même le qualificatif de matériaux bruns lorsqu'ils sont humides). Dans le tableau qui suit, vous trouverez un résumé des principaux matériaux utilisés dans le compostage domestique, mais pour plus de détails, consultez le tableau 1 (plus exhaustif) du chapitre précédent.

Certains matériaux peuvent être utilisés dans le compostage domestique sans pour autant être inclus dans l'une ou l'autre des deux catégories précédentes. C'est le cas des coquilles d'œufs, de la terre de jardin, des terreaux d'empotage et du compost.

Enfin, certains matériaux sont totalement à proscrire, comme vous le constaterez dans le tableau 3.

Pour des informations détaillées sur les matériaux à éviter ou à limiter dans le compostage domestique, consultez le chapitre précédent.

TABLEAU 2

LES PRINCIPAUX MATÉRIAUX À UTILISER DANS LE COMPOSTAGE DOMESTIQUE

Matériaux verts	Matériaux bruns
• Résidus de fruits et de légumes (crus ou cuits) • Restes de pains, de pâtes alimentaires, de céréales et de légumineuses (incluant le tofu) • Résidus de café incluant les filtres (idéalement non blanchis) • Résidus de thé et de tisane, incluant les sachets • Résidus de jardin (fleurs fanées, résidus de taille, plantes adventices) • Rognures de gazon (voir chapitre précédent) • Poils d'animaux et cheveux	• Feuilles mortes • Brindilles • Branches déchiquetées • Copeaux et sciures de bois • Aiguilles de conifères • Papier journal (encre noire seulement) • Paille • Tissus de fibres naturelles

TABLEAU 3
LES MATÉRIAUX À ÉVITER DANS LE COMPOSTAGE DOMESTIQUE

- Les viandes, les os et les charcuteries
- Les poissons, les crustacés et les coquillages
- Les produits laitiers (lait, yogourt, fromages, etc.)
- Les huiles et les gras
- Les plantes traitées avec des pesticides
- Les feuilles de rhubarbe
- Les cendres de bois
- Le contenu du sac de l'aspirateur
- La charpie de la sécheuse
- Les excréments d'animaux domestiques et la litière
- Les excréments humains

Note : Certains matériaux « douteux » peuvent être compostés sous certaines conditions. Ce sont les plantes malades, les plantes en graines et les plantes à rhizomes. Pour davantage d'information, consultez le chapitre 2.

L'ACCUMULATION DES RÉSIDUS DE CUISINE

Le compostage domestique commence dans la maison avec l'accumulation des résidus de cuisine compostables. Le système choisi doit être simple et pratique afin de faciliter son utilisation par tous les membres de la famille et le transfert des résidus de cuisine vers l'extérieur. Vous avez sans doute déjà deux poubelles, l'une utilisée pour accumuler les déchets ultimes (ceux qui ne peuvent pas être valorisés), l'autre plus grosse consacrée aux matières recyclables. À partir de maintenant, vous aurez besoin d'un troisième contenant qui devra être dédié aux matériaux compostables. Pour faciliter le tri à la source par les membres de votre famille, vous pourriez, comme je l'ai fait il y a plusieurs années, commencer en identifiant les trois contenants et les matériaux qu'on devrait y recueillir. Sur le premier contenant, vous pourrez inscrire « Recyclage : verre, plastique, papier, métal, etc. ». À noter que les matériaux recyclables peuvent varier d'une municipalité à l'autre. Sur le second contenant, vous inscrirez « Compostage : pelures de fruits et de légumes, résidus de café, sachets de thé et de tisanes, etc. ». Enfin, sur le troisième contenant, pourquoi ne pas inscrire « Gaspillage » ? De cette façon, tous y penseront peut-être deux fois avant de déposer des matières dans ce contenant.

LE CONTENANT DE RÉCUPÉRATION DES RÉSIDUS DE CUISINE

Le contenant de récupération des résidus de cuisine devrait avoir une capacité variant de 4 à 8 litres selon la fréquence à laquelle vous irez vider le contenu au composteur. Cette fréquence peut varier d'un à quatre jours selon le volume de matière que vous générez et votre bon vouloir. Tout comme vous le faites déjà pour votre poubelle de cuisine, vous avez avantage à transférer régulièrement votre contenant de récupération à l'extérieur pour éviter les problèmes d'odeur et de petites mouches (voir la section « Les problèmes et les solutions » à la fin de ce chapitre). Idéalement, votre contenant devrait être muni d'une anse pour en faciliter le transport et d'un couvercle, quoique ce dernier ne soit pas indispensable si votre récupérateur est placé à l'intérieur de l'armoire de cuisine et que vous prévoyez en transférer quotidiennement le contenu à l'extérieur.

On trouve sur le marché différents contenants spécialement conçus pour récupérer les résidus de cuisine. Ils sont habituellement fabriqués de plastique et certains peuvent être suspendus à l'intérieur d'une porte d'armoire (# 1 et # 2). Il est également possible de trouver des récupérateurs en acier inoxydable (# 3). Ces derniers sont plus onéreux que ceux de plastique, mais ils sont beaucoup plus résistants. En passant, tous les récupérateurs de plastique que j'ai testés se sont brisés au niveau du système de suspension après plus ou moins trois ans d'utilisation. Pour le bien de l'environnement, plusieurs contenants récupérés feront l'affaire. Il peut s'agir d'un simple contenant de crème glacée (# 4) ou d'un petit seau de plastique (# 5). Les contenants récupérés les plus intéressants sont ceux dans lesquels sont vendues la nourriture et la litière pour animaux domestiques. Puisque ces derniers sont carrés, ils peuvent être adaptés pour être accrochés à l'intérieur d'une porte d'armoire (tout comme pour les contenants commerciaux). Il s'agit de faire simplement deux petites encoches sur le rebord d'un des côtés du contenant et de placer deux vis qui dépassent à peine sur le côté intérieur d'une porte d'armoire (# 6).

Un autre système très pratique pour faciliter la collecte des résidus de cuisine consiste à percer un trou directement dans le comptoir pour y recueillir les résidus dans un contenant placé sous le comptoir. Si vous envisagez d'effectuer des travaux de rénovation dans votre cuisine, pensez-y !

Les sacs de plastique compostables (voir chapitre précédent), parfois suggérés pour entreposer les résidus de cuisine destinés au compostage industriel, ne sont pas une option intéressante dans le cas du compostage domestique. Dans un premier

temps, le simple fait d'acheter et de racheter régulièrement de tels produits va à l'encontre de la principale raison pour laquelle on pratique le compostage domestique, soit la protection de l'environnement. La décomposition de ces sacs est souvent plus lente que la décomposition des résidus de cuisine; ils se décomposeront en anaérobie (absence d'air), ce qui risque de causer des problèmes d'odeur. Si vous tenez absolument à utiliser ces sacs pour le compostage domestique, assurez-vous qu'il s'agit bien de sacs qui sont certifiés compostables (et non biodégradables) et prenez soin d'en vider le contenu dans le composteur avant de les y jeter. Pire encore que les sacs compostables, j'ai appris qu'il existait des récupérateurs jetables. Quelle aberration en matière d'environnement !

Une feuille de papier journal placée au fond du contenant de récupération de cuisine facilite le transfert des résidus au composteur.

Un truc simple qui contribue à faciliter le transfert des résidus de votre récupérateur de cuisine vers le composteur consiste à déposer au fond du contenant une feuille de papier journal qui empêchera les résidus de coller au fond lorsque viendra le transfert. De plus, la feuille se décomposera avec les résidus. Pour une utilisation pratique, ayez toujours à proximité de votre contenant de cuisine quelques feuilles de papier journal. Pour ce, sélectionnez les feuilles qui sont imprimées à l'encre noire et coupez-les en sections dont la dimension couvrira le fond de votre contenant. Une feuille de la grandeur d'une page d'un quotidien est habituellement appropriée.

LE STOCKAGE ET LA PRÉPARATION DES COQUILLES D'ŒUFS

Les coquilles d'œufs sont un apport intéressant au compost, du fait que le calcium qu'elles contiennent permet de neutraliser l'acidité de certains matériaux tels que les agrumes et les résidus de café. Les coquilles d'œufs peuvent aussi être très utiles au potager comme nous l'avons vu dans le chapitre précédent. Dans tous les cas, les coquilles

Les coquilles d'œufs ont avantage à être stockées séparément des autres résidus de cuisine.

LE BROYAGE DES COQUILLES D'ŒUFS

Pour broyer les coquilles d'œufs grossièrement (si le but est de s'en servir comme barrière pour protéger les plantes contre les limaces) ou moyennement pour les utiliser dans le compost, vous pourrez procéder selon l'une ou l'autre de ces façons :

- étendez les coquilles d'œufs sur une grande planche de bois et écrasez-les à l'aide d'une cuillère de bois, d'un pilon à légumes ou d'une pierre;
- placez les coquilles d'œufs séchées dans un grand sac de plastique épais et à l'aide d'un rouleau à pâte, écrasez-les progressivement jusqu'à la texture désirée.

Pour broyer très finement les coquilles d'œufs, dans le but de les utiliser dans le vermicompostage ou comme amendement calcaire de sol, vous pourrez utiliser votre mélangeur culinaire (blender) et un pot de verre de type Mason de 1 litre (à la place du contenant de verre de votre mélangeur). Placez les coquilles d'œufs séchées dans le pot (1). Vissez la partie du mélangeur qui comprend le couteau sur le pot (2). Enfin, déposez le tout sur le bloc-moteur (3), puis broyez les coquilles d'œufs jusqu'à ce qu'elles soient fines comme du sable (4 et 5).

d'œufs ont avantage à être broyées. D'ailleurs, si vous mettez les coquilles d'œufs non broyées au composteur, vous les retrouverez à peu près intactes l'année suivante. Pour aller au plus simple, vous pourrez écraser grossièrement vos coquilles d'œufs avant de les mettre dans le contenant de récupération avec l'ensemble des résidus de cuisine qui sont plus ou moins humides. Mais, une bonne pratique consiste à stocker les coquilles d'œufs dans un autre contenant en plastique, en métal ou en verre sans couvercle, dans le but de les faire sécher à l'air libre, puis de les broyer plus facilement par la suite. Ainsi, les coquilles d'œufs sécheront progressivement et vous pourrez les écraser au fur et à mesure à l'aide d'une cuillère de bois ou d'un presse-purée pour libérer de l'espace dans votre contenant. Enfin, lorsque votre contenant sera rempli, vous aurez le loisir de broyer les coquilles d'œufs, selon l'une ou l'autre des méthodes indiquées dans l'encadré.

Écrasez les coquilles d'œufs régulièrement pour libérer de l'espace dans le contenant.

LE STOCKAGE ET LA PRÉPARATION DES MATÉRIAUX BRUNS

Les matériaux bruns (feuilles, branches, paille, etc.) peuvent être stockés pendant plusieurs mois pour utilisation ultérieure. C'est ce qu'on appelle le précompostage. Cette technique doit être réservée aux matériaux bruns, car il n'est pas possible d'accumuler des matériaux verts sans risquer des problèmes d'odeur (excepté durant l'hiver, comme nous le verrons plus loin).

Parmi tous les matériaux bruns utiles pour le compostage domestique, les feuilles mortes constituent les plus abondants d'entre eux… en automne. Il est donc primordial de faire des réserves à ce moment. La première année, conservez deux à trois sacs de feuilles pour votre compost. Les années suivantes, vous pourrez sans doute augmenter progressivement cette quantité. Si vous ramassez annuellement une grande quantité de sacs de feuilles mortes sur votre terrain (une trentaine par exemple), consultez la section qui traite des feuilles mortes dans le chapitre précédent.

Vous constaterez qu'il existe plusieurs stratégies pour valoriser les feuilles mortes à l'automne. Si, au contraire, vous avez peu ou pas de feuilles sur votre terrain, n'hésitez surtout pas à « voler » des sacs de feuilles que votre voisin aura mis à la rue. Choisissez de préférence les sacs transparents. Vous pourrez ainsi vous assurer qu'ils ne contiennent pas de matières indésirables ou des feuilles qui se décomposent plus difficilement telles que les feuilles de chênes et de noyers. Enfin, pour l'avenir de votre compost et pour l'environnement, pensez à planter des arbres sur votre terrain.

Si vous accumulez vos feuilles dans des sacs alors qu'elles sont sèches, vous pourrez les entreposer de manière à ce qu'elles demeurent sèches autant que possible. Ainsi, vous aurez le loisir de les utiliser quand bon vous semblera durant la prochaine saison, car le processus de décomposition ne sera pas amorcé. Si vous en avez la possibilité, entreposez vos sacs dans le cabanon, sous le patio ou à tout autre endroit où ils seront le plus possible à l'abri de la neige et de la pluie. De cette façon, vous pourrez à votre guise les broyer avant de les utiliser. Mais si les feuilles sont humides, ne vous inquiétez pas, elles feront l'affaire. Toutefois, lorsque viendra la belle saison, il sera sage de faire quelques trous dans les sacs pour éviter que le processus de décomposition s'amorce en l'absence d'air, ce qui pourrait occasionner des odeurs. En attendant que vos feuilles soient ajoutées au composteur, elles amorceront leur décomposition. C'est ce que l'on peut appeler du précompostage.

Si vous avez peu de feuilles, n'hésitez pas à « voler » les sacs de feuilles de vos voisins.

On peut stocker d'importantes quantités de feuilles dans un enclos constitué de grillage ou de clôture à neige.

Sans être obligatoire, il est avantageux de déchiqueter les feuilles de grandes dimensions.

Si vous avez plusieurs composteurs, vous pouvez aussi en réserver un pour le stockage des feuilles. Vous pourrez aussi, si vous avez un endroit discret, stocker d'importantes quantités de feuilles en les cumulant à l'intérieur d'un enclos fait de grillage ou de clôture à neige. Dans les deux cas, si vous désirez limiter l'espace, vous pourrez broyer préalablement les feuilles.

Les matériaux bruns sont par définition des matériaux riches en carbone dont la décomposition est plus lente que les matériaux verts (riches en azote). De plus, les matériaux bruns sont souvent coriaces. Pour ces raisons, certains matériaux bruns ont avantage à être préparés, c'est-à-dire broyés, déchiquetés, écrasés ou coupés de toutes les façons possibles afin que les organismes décomposeurs puissent les atteindre plus facilement. Bien que la plupart des feuilles se décomposent assez bien, les plus grandes feuilles telles que les feuilles d'érable de Norvège ont tendance à se coller les unes sur les autres dans le compost en formant des « galettes », ce qui les rend difficilement atteignables par les organismes décomposeurs. C'est pourquoi le déchiquetage de ces dernières est avantageux.

Pour déchiqueter les feuilles, il n'est pas nécessaire de se munir d'une déchiqueteuse sophistiquée. En fait, votre tondeuse-déchiqueteuse fait merveilleusement bien le travail. Pour ce faire, installez (exceptionnellement) le sac sur votre tondeuse et déchiquetez progressivement les feuilles en les recueillant dans le sac. Si vous n'avez pas de sac de tondeuse,

La tondeuse-déchiqueteuse est l'instrument par excellence pour déchiqueter les feuilles.

vous aurez avantage à déchiqueter vos feuilles sur une surface dure (asphalte, pavé, ciment). Vous pourrez ainsi les ramasser par la suite, ce qui s'avère presque impossible lorsque l'opération est effectuée sur la pelouse. Si vous n'avez pas la possibilité d'utiliser une tondeuse (si vous n'en avez pas ou si votre tondeuse est manuelle) pour déchiqueter vos grosses feuilles, vous pourrez utiliser un taille-bordures électrique (le fouet) ou un aspirateur à feuilles. Dans le cas du taille-bordures, il s'agira de placer d'abord les feuilles dans une poubelle puis de les broyer progressivement. Mais soyez patient, car l'opération est assez fastidieuse. Quant à l'aspirateur à feuilles qui les broie en les aspirant, il a le désavantage d'être plutôt bruyant. Cependant, le résultat est intéressant.

D'autres matériaux bruns doivent être coupés, broyés ou déchiquetés. C'est le cas des branches dont le diamètre est de 1 cm et plus. Si vous n'avez que des petites quantités de branches ou encore de la main-d'œuvre à volonté, plusieurs outils de jardin pourront faire l'affaire. Alors, sortez sécateurs, cisailles, coupe-bordures et tout autre outil et défoulez-vous ! Mais si vous cumulez d'importantes quantités de branches, l'utilisation d'une déchiqueteuse à branches peut s'avérer utile. Cependant, avant de vous précipiter chez le marchand pour acheter un tel équipement, prenez le temps d'évaluer la quantité et la grosseur moyenne des branches que vous avez l'habitude de recueillir. Le coût d'achat de tels appareils peut varier de 200 $ à plusieurs milliers de dollars, et cet écart est directement en lien avec la capacité des appareils à déchiqueter des branches de plus en plus grosses. Si vous décidez d'investir dans une déchiqueteuse, assurez-vous de choisir un appareil qui répond réellement à vos besoins. Même la déchiqueteuse la moins chère peut s'avérer être un achat insensé et nuisible à l'environnement si celle-ci ne sert qu'une seule fois par année et si elle se brise après quelques mois. Dans plusieurs cas, il peut être sage de louer une déchiqueteuse souvent plus performante. Pour ce, informez-vous auprès des entreprises de location d'outillages de votre région. Et dans tous les cas, utilisez ces appareils avec prudence en ayant soin par exemple de porter des lunettes de protection et des protège-ouïe.

Déchiqueteuse de grande dimension

Divers outils manuels pour couper les résidus ligneux

Déchiqueteuse de format moyen

Mini-déchiqueteuse électrique

Pour faciliter leur décomposition, les écales d'arachides et de noix peuvent être écrasées à l'aide d'une pierre.

Les cônes des conifères et les écales de noix et d'arachides ont également avantage à être broyés. À cet effet, vous pourrez par exemple étendre ceux-ci sur une surface dure et les frapper à l'aide d'une pièce ou d'un maillet.

LES SYSTÈMES DE COMPOSTAGE

Le système de compostage est habituellement constitué d'un composteur ou d'un tas. Si vous optez pour un composteur (que certains appellent compostière, bac à compost ou silo à compost), vous aurez à choisir entre un composteur commercial ou un composteur artisanal. Il pourra être de capacité et de conception variables. Il n'y a pas de système qui soit idéal pour tous, mais il y en a un qui convient le mieux à vos propres besoins. Pour vous aider à choisir, plusieurs critères sont à considérer, le plus important étant le volume de matières organiques que vous prévoyez composter, qui est directement en lien avec :

- le nombre de membres de votre famille. Évidemment, plus la famille est grande, plus la quantité de résidus de cuisine sera considérable. La bonne nouvelle, c'est que vous aurez aussi plus de main-d'œuvre pour participer aux travaux de compostage;
- la superficie de votre terrain. Est-ce que votre terrain se limite à une dimension de style « mouchoir de poche » ou avez-vous plutôt un « terrain de football » ? Évidemment, plus votre terrain est grand, plus la quantité de matières organiques provenant des activités d'entretien sera volumineuse.

- le jardinage est votre loisir préféré. Dans ce cas, vos activités entraîneront une végétation abondante (annuelles, vivaces, plantes légumières, arbres, arbustes, etc.), donc une énorme masse de matières organiques compostables.

Ensuite, vous devrez choisir parmi l'une des options suivantes: un composteur commercial, un composteur artisanal ou un tas. L'un et l'autre comportent des avantages et des inconvénients (voir tableau 4). Mais peu importe le système que vous choisirez, l'important est de faire du compost.

TABLEAU 4

COMPARAISON DES DIFFÉRENTS SYSTÈMES DE COMPOSTAGE DOMESTIQUE

Type de système	Avantages	Inconvénients
Composteur commercial (en plastique ou en bois) 	• Transport et montage faciles (si composteur en plastique) • Utilisation immédiate	• Volume réduit pour la plupart des composteurs en plastique • Coûts et disponibilités variables
Composteur artisanal (en plastique ou en bois) 	• Coût abordable • Dimension adaptée en fonction des besoins • Avantage pour l'environnement lorsque des matériaux récupérés sont utilisés	• Avoir les outils et l'expertise nécessaires • Temps consacré à la fabrication
Tas ou andain (tas allongé)  Édith Smeesters	• Aucune limite dans le volume des matières à composter	• Interdit dans certaines municipalités • Accès plus facile pour les animaux domestiques et sauvages

Que vous optiez pour un composteur commercial ou artisanal ou encore pour le tas, dans tous les cas, vous aurez avantage à ce que votre compost soit recouvert, c'est-à-dire muni d'un couvercle dans le cas d'un composteur ou d'une toile géotextile dans celui d'un tas (voir page 96).

Enfin, si vous demeurez en zone urbaine, vous devriez opter pour un composteur de préférence à un tas. Parmi les différents modèles de composteurs, certains sont conçus en plastique alors que d'autres sont en bois. Dans les deux cas, les meilleurs composteurs sont les plus simples. Pour vous aider à faire un choix éclairé, nous vous présentons les caractéristiques des différents systèmes. Si vous amorcez cette belle expérience qu'est le compostage, un seul composteur fera l'affaire, mais après quelques mois, vous découvrirez qu'un composteur c'est bien, mais deux, c'est mieux (voir page 86).

LES COMPOSTEURS COMMERCIAUX RÉGULIERS

Les composteurs commerciaux sont habituellement vendus dans les quincailleries, les jardineries et les commerces de grande surface, mais ils sont parfois distribués par des organismes voués à l'environnement ou encore par certaines municipalités qui veulent encourager la pratique du compostage domestique. D'ailleurs, des municipalités ont compris l'importance d'implanter un programme de soutien au compostage domestique. Certaines distribuent des composteurs à prix réduit aux citoyens ou accordent un remboursement substantiel à l'achat d'un composteur. En complément, elles offrent une formation aux nouveaux acheteurs de composteur pour assurer un bon démarrage et l'acquisition de bonnes habitudes. Informez-vous auprès de votre municipalité pour savoir s'il existe de tels services et, dans le cas contraire, n'hésitez pas à les suggérer.

Le site de démonstration en compostage domestique du Jardin Roger-Van den Hende.

Les composteurs commerciaux en plastique sont la plupart du temps fabriqués par de grandes entreprises, alors que les composteurs de bois, souvent réalisés en quantités réduites, sont habituellement l'œuvre d'organismes à but non lucratif.

Le volume des composteurs qu'on trouve habituellement sur le marché peut varier de 6 à 35 pi^3 (0,15 à 1 m^3). Quant à leur prix, il s'échelonne de 40 $ à 250 $, mais cet écart n'est pas toujours en rapport avec la qualité et l'efficacité du composteur.

LES CARACTÉRISTIQUES À RECHERCHER À L'ACHAT D'UN COMPOSTEUR

- parois latérales rigides (pour éviter qu'elles ne s'affaissent) et légèrement aérées (le compostage se fait en présence d'air);
- couvercle relativement étanche;
- sans fond, car le contenu doit reposer sur le sol afin qu'il puisse entrer en contact avec les organismes décomposeurs (micro-organismes, insectes et vers de terre);
- ouverture pratique à l'avant pour faciliter la récolte (à moins qu'il soit possible de soulever facilement le composteur).

LES COMPOSTEURS EN PLASTIQUE

Les composteurs en plastique ont l'avantage d'être légers. Ils se transportent et se montent aisément et peuvent donc être fonctionnels en quelques minutes. De plus, ces composteurs sont facilement disponibles sur le marché. Enfin, puisqu'ils résistent à la décomposition, ils pourront être utilisés durant plusieurs années (si le plastique est de bonne qualité). Mais cette dernière caractéristique, considérée comme un avantage pour certains, sera plutôt vue comme un inconvénient pour d'autres. En effet, il faut savoir que le plastique est fabriqué à partir du pétrole, une ressource non renouvelable. De plus, le plastique prend des milliers d'années avant de se décomposer. Finalement, parce que les composteurs de plastique sont la plupart du temps noirs, ils sont difficiles à camoufler dans un environnement naturel. Et, en cas de bris, les composteurs de plastique se réparent difficilement. D'ailleurs, pour minimiser les dommages occasionnés par le poids excédentaire de la neige durant l'hiver, il vaut mieux ne pas vider le contenu des composteurs de plastique à l'automne.

Malgré tout, si votre choix se porte sur un composteur de plastique, dormez sur vos deux oreilles, car cela demeure un choix intéressant. C'est clair, il vaut mieux composter dans un composteur de plastique que de ne pas composter du tout. D'ailleurs, je dois vous avouer que j'ai commencé à composter avec un composteur de plastique et que ce dernier et son jumeau sont toujours en fonction (même s'ils montrent des signes d'usure) après plus de vingt ans d'utilisation. Mon choix se porte sur un composteur qui comporte une large ouverture et qui est trapu, ce qui facilite le brassage. Les composteurs qui ont la forme d'une cloche sont intéressants parce qu'ils sont faciles à soulever lorsque vient le temps de faire la récolte. Une pratique qui est beaucoup plus efficace que de tenter de sortir le compost par la petite porte. Enfin, entre deux composteurs, optez pour celui dont le plastique est le plus robuste.

Composteur *La machine à terre*

Composteur *Garden Gourmet*

Composteur *Soil Saver*

Composteur *Eco-Master*

Composteur *Eco 1*

LES COMPOSTEURS EN BOIS

Les composteurs en bois s'intègrent aisément dans un environnement naturel. Parce qu'ils finissent par se décomposer (le bois, c'est de la matière organique), ils constituent un bon choix pour l'environnement, et ce choix sera d'autant plus intéressant si le bois utilisé est du bois de récupération.

Composteur domestique du *Groupe de simplicité volontaire de Québec*

Composteur modulaire *Les ateliers d'Antoine*

Composteur *Recyc 400*

Craque-Bitume

Composteur domestique *Craque-Bitume*

Évidemment, vous n'avez sans doute pas le goût (avec raison) de changer de composteur tous les trois ans. Voici donc quelques trucs pour prolonger la durée de vie de votre composteur de bois :

- Optez pour un composteur fabriqué avec un bois qui est reconnu pour sa résistance à la décomposition tels le cèdre blanc de l'Est (*Thuya occidentalis*) ou le mélèze (*Larix laricina*), aussi surnommé l'épinette rouge (même si ce type de bois est plutôt rare sur le marché, certains organismes parviennent à en dénicher pour fabriquer des composteurs). Votre choix pourra se porter aussi sur le cèdre rouge de l'Ouest (*Thuya plicata*) puisque parmi tous les bois de construction vendus en quincaillerie, c'est souvent la seule essence qui a une résistance naturelle à la décomposition. Mais il faut être conscient que ce bois a été transporté sur des milliers de kilomètres puisqu'il provient des régions côtières de la Colombie-Britannique. Enfin, vous pourrez opter pour un composteur fait de bois torréfié (il s'agit d'un bois qui est traité à très haute température, dans le but de le rendre imputrescible).

- Avant d'installer votre composteur, placez quatre briques (ou quatre pierres plates) à l'endroit où se retrouveront les coins du composteur. Creusez le sol et enfoncez les briques afin que la surface de celles-ci surplombe le sol d'un centimètre. Si votre terrain est en pente, utilisez un niveau pour installer vos briques de façon que votre composteur soit bien droit. Ainsi, le contenu sera directement en contact avec le sol (ce qui est idéal), mais le contenant reposera sur des matériaux imputrescibles et restera plus stable au fil des ans.

Placez quatre briques à l'endroit où se retrouveront les coins de votre composteur de bois. Le composteur reposera sur les briques, mais le compost sera directement en contact avec le sol.

Après la récolte, laissez le composteur ouvert durant quelques jours.

Le composteur double LM dix ans après sa construction.

- Après la récolte de votre compost, attendez avant de commencer à le remplir à nouveau. Laissez la porte avant et le couvercle ouverts durant quelques jours pour en assécher l'intérieur avant de le remplir.

- Traitez l'intérieur et l'extérieur de votre composteur avec une huile naturelle comme l'huile de lin bouillie (vendue prête à l'emploi en quincaillerie) ou l'huile d'abrasin. L'idéal est de répéter l'opération tous les ans, ce qui en fait une pratique un peu fastidieuse, surtout si vous désirez traiter l'intérieur (qui est plus susceptible de pourrir que l'extérieur). C'est pourquoi je suggère cette pratique principalement pour les composteurs qui ne sont pas faits de bois imputrescibles. Enfin, ce traitement peut aussi être attrayant pour ceux qui aimeraient éviter que le bois « grisonne ».

Avec toutes ces précautions, un composteur de bois pourra être très fonctionnel durant plus d'une dizaine d'années. Et le beau côté, c'est que si quelques planches se détériorent (habituellement les planches du bas), vous aurez le loisir de remplacer ces dernières, ou... d'abaisser la hauteur de votre composteur.

UN COMPOSTEUR C'EST BIEN, DEUX, C'EST MIEUX !

Peu importe le modèle de composteur que vous choisirez, vous serez très vite devant l'évidence : un composteur c'est bien, mais deux, c'est mieux. En effet, si vous remplissez votre composteur en quelques mois, votre compost ne sera pas nécessairement prêt à être récolté à cette vitesse. Par contre, avec l'utilisation de deux composteurs,

Avec deux composteurs, il est possible d'accumuler la matière fraîche dans l'un pendant que se poursuit la maturation dans l'autre.

vous aurez la possibilité de continuer à amasser vos matières organiques fraîches dans l'un pendant que se poursuivra la maturation dans l'autre. Cela facilitera grandement la gestion du compost. Si vous jardinez et par conséquent, que vous générez de grandes quantités de matière organique, vous verrez même l'intérêt d'avoir un troisième composteur. Ce dernier sera utile, entre autres pour stocker les matériaux bruns.

LES AUTRES SYSTÈMES DE COMPOSTAGE COMMERCIAUX

D'autres systèmes de compostage sont également disponibles sur le marché. Certains, comme les composteurs rotatifs, sont un « pensez-y-bien ». D'autres sont totalement à éviter. C'est les cas des « sacs de compostage », des composteurs qui comportent un « poumon » intérieur et des digesteurs. Ne vous laissez pas impressionner par le marketing de vendeurs peu scrupuleux. Les meilleurs composteurs sont les plus simples.

LES COMPOSTEURS ROTATIFS, UN « PENSEZ-Y-BIEN »

Si les composteurs rotatifs peuvent sembler attirants de prime abord, ils sont souvent décevants à l'usage. C'est principalement le cas des modèles dont la capacité est réduite (0,15 à 0,25 m^3). Voici pourquoi :

- Le compost n'est pas en contact avec le sol, donc avec les organismes décomposeurs. Certains diront qu'en ajoutant de la terre, ils vont ajouter des micro-organismes et des vers de terre. Mais qu'adviendra-t-il de ces derniers qui ont l'habitude de retourner dans le sol une fois leur travail terminé ?
- L'aération est insuffisante. Si ce n'était pas le cas, le compost pourrait sortir par les trous d'aération lorsqu'une rotation est effectuée. Si ces composteurs ne sont

pas retournés fréquemment (3 ou 4 retournements par semaine sont recommandés), il s'ensuivra un manque d'air dans le compost, donc un risque d'odeurs nauséabondes.

- La capacité est réduite et, de plus, il ne faut pas les remplir au maximum de leur capacité afin que le retournement se fasse adéquatement.
- L'eau de pluie pénètre allègrement dans certains modèles, mais elle en sort difficilement. Le tout se transforme en boue et devient tellement lourd qu'il est presque impossible pour une personne de force moyenne d'effectuer les retournements.
- L'ouverture est très petite, ce qui rend la récolte du compost mûr ardue.
- Le coût se situe parfois autour de 200 $ et même plus. Considérant que le volume est limité et qu'il est important d'avoir deux composteurs, il n'est pas très « éconologique » de composter dans ce contexte.

Bien que ce type de composteur puisse être utile lorsqu'il n'est absolument pas possible de déposer un composteur directement sur le sol comme cela peut être le cas lorsque l'on désire composter sur un balcon (voir les explications à la page 100), sur une terrasse ou sur l'asphalte, dans tous les autres cas les composteurs « conventionnels » sont plus appropriés.

Des composteurs rotatifs de capacité moyenne sont parfois commercialisés. Bien que la conception et le volume de ces derniers donnent habituellement de meilleurs résultats que les petits composteurs rotatifs, ils sont souvent hors de prix (entre 500 $ et 600 $). De plus, la note de certains fabricants qui dit « Maintenir les enfants à distance » n'est pas vraiment rassurante. Bref, pensez-y bien avant de faire l'acquisition d'un composteur rotatif.

Composteur rotatif *Blue planet*

Composteur rotatif *Envirocycle*

Composteur rotatif *Twin*

Composteur rotatif *Joras*

LES SACS DE COMPOSTAGE

On trouve parfois des « sacs de compostage » sur le marché. Ceux-ci sont vendus en « kit » qui se limite à des sacs de plastique perforés et quelques petits articles tels des activateurs et une paire de gants de latex, le tout vendu à gros prix. À la rigueur, vous pourriez faire la même chose avec des sacs à poubelle, mais cette méthode de compostage est loin d'être sans risque. En effet, dans ce système dont l'aspect esthétique est discutable, l'aération est souvent déficiente, le compost n'est pas en contact avec le sol et il est très difficile de mélanger le tout. Ces caractéristiques impliquent que la décomposition risque de se faire en l'absence d'air, avec les problèmes d'odeurs que cela peut entraîner.

LES COMPOSTEURS QUI COMPORTENT UN « POUMON » INTÉRIEUR

Ce type de composteur, apparu récemment sur le marché, est doté d'une tige centrale perforée qui fait office de poumon, et ce, pour soi-disant faciliter l'aération. Le problème, c'est que ce système n'est pas adéquat pour une aération optimale. D'une part, les parois ne sont pas dotées de trous d'aération. De plus, il est pratiquement impossible de brasser le compost (la tige nous en empêche). Enfin, puisque ce type de composteur comporte un fond, la matière organique n'est pas en contact avec le sol, donc avec les organismes décomposeurs. Pour toutes ces raisons, la décomposition dans ce type de composteur risque de se faire en anaérobie (absence d'air), ce qui risque fort d'entraîner des problèmes d'odeur.

LES DIGESTEURS DOMESTIQUES

Les digesteurs domestiques ressemblent aux composteurs domestiques en plastique, à la différence que leurs parois ne sont pas trouées. Le procédé favorisé dans les digesteurs n'est pas à proprement parler du compostage, mais une fermentation anaérobie (putréfaction), appelée aussi méthanisation. Bien que cette méthode soit très efficace au niveau industriel, elle n'est pas recommandée au niveau domestique. De fait, il est très difficile de contrôler la décomposition dans de tels systèmes. Ils sont susceptibles de générer des GES (gaz à effet de serre) et des odeurs nauséabondes. Les petits digesteurs domestiques, qui étaient populaires il y a quelques années, sont de moins en moins commercialisés. Mais des systèmes plus performants et plus sécuritaires pourraient être accessibles dans l'avenir.

Les digesteurs domestiques ne sont pas des composteurs

LES COMPOSTEURS ARTISANAUX

Si vous avez des talents de bricoleur, vous pourrez fabriquer votre propre composteur. Celui-ci pourra prendre différentes formes à partir d'une simple poubelle transformée jusqu'à un modèle plus élaboré, comme le *composteur double LM* dont vous trouverez le plan en annexe, en passant par un composteur de type « Boîte empilable ». Mais dans tous les cas, il faudra éviter l'utilisation du bois traité chimiquement ou des barils de métal. Même si le « nouveau bois traité » ne comporte plus d'arsenic comme son prédécesseur qui est heureusement banni, on ne connaît pas encore les effets à long terme de ce bois sur l'environnement et sur notre santé. On entretient la vie dans un composteur, on ne veut pas la détruire. Il faut donc éviter ce type de bois pour fabriquer un composteur. Quant aux contenants de métal, ceux-ci risquent de rouiller; ainsi, des métaux lourds pourraient contaminer le compost. De plus, étant donné que le métal est conducteur de chaleur, celui-ci pourra devenir très chaud au contact du soleil en été. Par conséquent, les organismes décomposeurs risquent de cuire littéralement.

Parmi les matériaux que vous pourrez utiliser pour fabriquer votre composteur, le bois est sans contredit le plus approprié. Comme nous l'avons vu dans la section précédente portant sur les composteurs en bois, vous pourrez opter pour différentes essences de bois. S'il est possible d'en trouver dans votre région, utilisez le cèdre blanc ou le mélèze, habituellement vendu dans les scieries. Comme deuxième choix, le cèdre rouge est intéressant étant plus facilement disponible en quincaillerie. Toutefois, il est plus onéreux. Si votre budget est réduit, vous pourrez aussi utiliser de l'épinette ou du pin tout en étant conscient que ce type de bois sera moins résistant. Enfin, pour un composteur de bois vraiment « éconologique », utilisez le bois

Si vous avez des talents de bricoleur, vous pourrez fabriquer votre propre composteur tel que *le composteur double LM* dont vous trouverez le plan en annexe.

que vous avez en main (sans peintures, teintures ou préservatifs chimiques) ou tout autre bois de récupération tel que le bois des palettes de transport.

Un autre matériau peut également être utilisé pour la construction d'un composteur artisanal. Il s'agit du plastique recyclé que l'on nomme parfois « composite ». Ce plastique se travaille presque aussi facilement que le bois, mais il faut éviter de laisser des résidus de coupe dans le jardin (si vous bricolez à l'extérieur), ce qui n'est pas une préoccupation pour le travail du bois (la sciure se décompose dans la nature). Enfin, la résistance de ces matériaux composites à la déformation est moindre que celle du bois. Pensez donc à des renforcements (travers) pour éviter que le plastique ne gondole avec le temps et sous l'action du rayonnement solaire. Finalement, le plastique recyclé est très onéreux et il s'agit d'un choix discutable pour l'environnement puisqu'il est fabriqué à partir d'une ressource non renouvelable, le pétrole.

UN COMPOSTEUR FABRIQUÉ À PARTIR D'UNE POUBELLE DE PLASTIQUE

Puisque vous avez choisi de faire du compost et ainsi de diminuer le volume de vos ordures de plus de 45 %, vous aurez peut-être une poubelle en chômage. Alors, pourquoi ne pas en profiter pour la transformer en un petit composteur pratique et de surcroît gratuit ?

À l'aide d'une perceuse, effectuez des trous d'un centimètre de diamètre, espacés de 10 à 15 cm, tout autour de la paroi de votre poubelle. Découpez et enlevez le fond. Si votre poubelle possède une forme conique, retournez-la et déposez le couvercle sur le fond percé. Voilà, le tour est joué. Votre poubelle est devenue un composteur.

LA BOÎTE EMPILABLE

La boîte empilable est un composteur composé de plusieurs sections de planches horizontales autonomes (6 à 8 planches selon leur largeur) empilées les unes sur les autres, mais espacées de 1/2 po (1,27 cm), le tout coiffé d'un couvercle. Contrairement aux composteurs réguliers, ce système ne comporte pas d'ouverture à l'avant. Lorsque vient le temps de retourner ou de récolter le compost, il s'agit d'enlever le couvercle et de transférer progressivement les sections de planches et le contenu du composteur à côté de l'endroit où se trouvait initialement le composteur. De cette façon, le composteur se déplace de gauche à droite ou de droite à gauche à chaque retournement. Ce type de système est facile à construire, car toutes les planches sont coupées avec un patron régulier. De plus, il est facile à réparer, car on peut remplacer une section qui fait défaut sans avoir à manipuler tout le composteur.

TRUCS ET CONSEILS POUR LA FABRICATION D'UN COMPOSTEUR EN BOIS

Vous pourrez procéder selon l'une ou l'autre de ces façons :

- Fabriquer deux composteurs de forme carrée et accoler ces derniers.
- Fabriquer un seul composteur rectangulaire en doublant la largeur (120 cm à 2 m) tout en séparant les deux sections par un grillage métallique.

Matériaux recommandés

- Planches de bois de 5 à 16 cm (2 à 6 po) de largeur pour les côtés et le dessus du composteur.
- Pièces de bois de 5 × 5 cm (2 × 2 po) pour la charpente.
- Vis à cèdre ou à plateforme.

Dimensions et caractéristiques du composteur

- Boîte sans fond (le compost doit être en contact avec le sol).
- Hauteur et côtés mesurant au minimum 60 cm (2 pi) et au maximum 1 m (3 pi).
- Bois : cèdre ou mélèze (les meilleurs choix), épinette, pin.
- Parois latérales de la boîte constituées de planches placées horizontalement et espacées de 1 cm (1/2 po).
- Boîte sans fond (le compost doit être en contact avec le sol).
- Hauteur et côtés mesurant au minimum 60 cm (2 pi) et au maximum 1 m (3 pi).
- Bois : cèdre ou mélèze (les meilleurs choix), épinette, pin.
- Parois latérales de la boîte constituées de planches placées horizontalement et espacées de 1 cm (1/2 po).

OÙ TROUVER LE BOIS ?

Vous trouverez facilement de l'épinette, du pin et du cèdre de l'Ouest en quincaillerie. Pour les très bons choix que sont le cèdre blanc de l'Est et le mélèze, informez-vous auprès des marchands spécialisés en bois ou des scieries de votre région. Chez ces derniers, vous pourriez également trouver du bois brut pour une fraction du coût.

Couvercle

- Légèrement en pente vers l'avant.
- Le plus étanche possible (ex. : planches accolées et placées dans le sens de la pente).
- Muni ou non de charnières.
- Muni d'un système pour maintenir le couvercle ouvert au choix : un bras de soutien, une chaîne ou un loquet de portail (voir photo).

Système d'ouverture pour récolter le compost

- Planches amovibles à l'avant se superposant les unes sur les autres dans une glissière de chaque côté.
- Section frontale amovible ou munie de charnières sur un des côtés et faisant office de porte.

Pour un plan détaillé complet

- Consultez le plan de construction du *composteur double LM* en annexe.

LE COMPOSTAGE EN TAS

Le compostage en tas ou en andain (tas allongé) est une méthode très pratique lorsque l'objectif est de composter d'importantes quantités de matériaux. Elle sera particulièrement utile pour les jardiniers qui accumulent beaucoup de feuilles et d'autres résidus de jardin. Mais, si vous habitez en zone urbaine, assurez-vous que cette méthode n'est pas interdite par votre municipalité. Dans tous les cas, il est sage d'installer le tas de compost à l'abri des regards, car certains voisins pourraient ne pas apprécier. En complémentarité du tas, un petit composteur placé à proximité de la maison peut être utile.

Pour que le compostage en tas soit optimal, il est souhaitable de respecter certaines règles :

- la hauteur du tas ou de l'andain ne devrait pas dépasser 1 m;
- la largeur du tas ou de l'andain ne devrait pas dépasser 1,5 m, mais il est souvent plus pratique de la maintenir à 1 m pour faciliter les retournements;
- le tas ou l'andain devrait être couvert. Même si le compost a besoin d'air, il est avantageux de le protéger des aléas de la météo et de l'environnement (voir page 96).

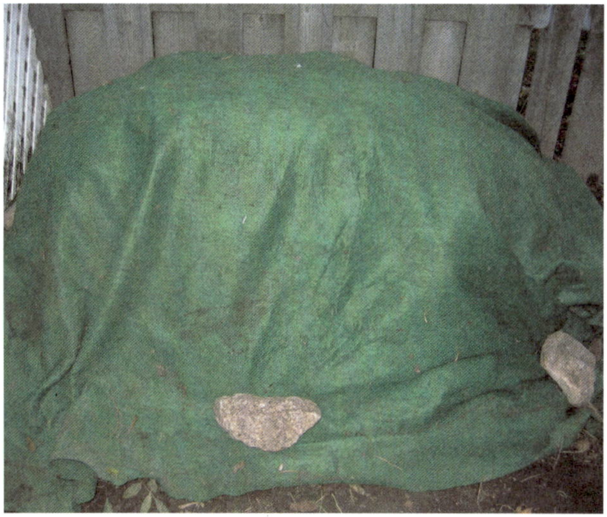

Le compostage en tas permet de valoriser d'importantes quantités de matériaux.

Mis à part le fait qu'il est possible de composter des quantités de matières organiques presque illimitées, un autre aspect positif du compostage en tas est que cette méthode facilite les retournements. En fait, vous accumulez vos matières organiques fraîches à un endroit, puis vous déplacez progressivement le tas en faisant des retournements, c'est-à-dire en renversant votre tas vers la droite ou vers la gauche. De cette façon, votre andain pourra s'allonger indéfiniment et vous aurez la possibilité de continuer à accumuler des matériaux « frais » à une extrémité tout en récoltant progressivement le compost mûr à l'autre extrémité.

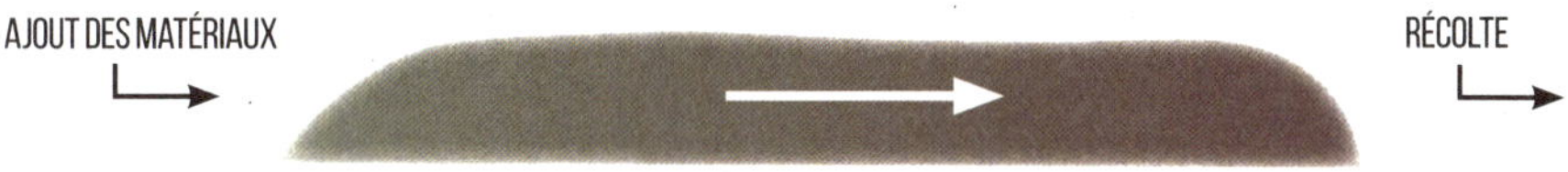

Comme nous verrons à la page 104, il peut être intéressant de cultiver des plantes de la famille des cucurbitacées (concombres et courges) directement sur le tas de compost.

LES DIFFÉRENTES OPTIONS POUR COUVRIR LE TAS DE COMPOST

Parmi les différentes options pour couvrir le tas de compost, la toile géotextile demeure le meilleur choix puisqu'elle laisse circuler l'air tout en limitant l'entrée de l'eau.

Il existe des toiles géotextiles spécialement conçues pour couvrir les tas de compost, mais celles-ci sont peu disponibles dans les jardineries et les quincailleries. Par contre, vous y trouverez différentes toiles géotextiles qui sont conçues à d'autres usages. Ces dernières, dont le tissu rappelle un feutre, sont habituellement vendues comme couvre-parterre ou comme protection hivernale de la pelouse ou des arbustes. Elles peuvent souvent faire l'affaire, surtout si vous choisissez une toile relativement épaisse (évitez les couvre-parterres qui sont minces comme une feuille de papier). Les géotextiles se présentent en différentes couleurs qui peuvent varier du noir au blanc, en passant par le vert ou le gris.

Différentes toiles géotextiles peuvent être utilisées pour couvrir le tas de compost.

Une deuxième solution pour couvrir le tas de compost est un vieux tapis ou toutes autres toiles synthétiques tissées. Mais il faudra éviter les toiles de plastique qui ne permettent pas la circulation de l'air.

En dernier recours, vous pourrez aussi vous servir de toiles de jute ou encore de paille, mais ces matériaux offrent moins de contrôle sur les aléas de la météo et finiront par se décomposer.

SIX BONNES RAISONS POUR COUVRIR VOTRE COMPOST

Que vous optiez pour un composteur ou un tas, votre compost devrait être couvert la plupart du temps. Voici pourquoi :

1. *Pour contrôler la perte d'humidité.* En période chaude et sèche, un compost qui n'est pas couvert perd rapidement son humidité. Lorsque l'humidité n'est pas suffisante, les organismes responsables de la décomposition se reproduisent peu et meurent.

2. *Pour contrôler les excès d'humidité*. Lorsqu'il pleut abondamment, le compost se gorge d'eau. Les espaces d'air sont ainsi réduits et les organismes décomposeurs en souffrent. De plus, l'excès d'eau qui est dirigée vers le sol entraîne la perte des éléments minéraux par lessivage et cause de la pollution.

3. *Pour minimiser l'envahissement des plantes adventices (mauvaises herbes)*. Les graines de plantes adventices qui sont déplacées par le vent auront tout le loisir de s'installer sur le dessus du compost, un milieu idéal pour la germination. Lorsque viendra le temps de transférer le compost au jardin, vous risquez d'y introduire nombre de graines ou de pousses de plantes adventices.

4. *Pour minimiser la ponte de certains insectes indésirables*. Des insectes ravageurs des jardins trouveront dans le compost laissé à découvert le milieu idéal pour y déposer leurs œufs. C'est le cas des noctuelles et des hannetons qui sont d'importants ravageurs des jardins au stade larvaire (respectivement les vers gris et les vers blancs).

5. *Pour conserver la chaleur du compost*. Dans certaines conditions, la température du compost peut augmenter légèrement ou significativement (voir chapitre 4 *Le compostage de moyen et grand volume*), favorisant ainsi une décomposition rapide. Le fait de conserver le compost couvert contribuera à conserver cette chaleur.

6. *Pour prévenir l'intrusion des petits animaux*. Les ratons laveurs et même les rats qui rôdent près de votre maison pourraient s'intéresser à votre compost, surtout si vous leur offrez de la matière organique fraîche sur un plateau d'argent.

Il faut éviter de laisser le compost à découvert.

LE SITE DE COMPOSTAGE

Le site de compostage, c'est l'endroit où vous installerez vos composteurs et, si vous le désirez, différents équipements utiles au compostage tels une brouette, un tamis, des seaux de plastique, etc.

Même s'il vous prenait le goût de montrer votre œuvre à tout le voisinage (dans le cas où vous aurez confectionné votre propre composteur), il ne serait évidemment pas approprié de placer votre site de compostage en façade de votre maison. D'ailleurs, la réglementation de votre municipalité pourrait vous l'interdire. Choisissez plutôt un coin discret dans votre cour arrière ou latérale. Le compostage a encore trop souvent mauvaise réputation auprès de la population en général et certains de vos voisins pourraient être tentés de se plaindre de votre installation sans raison valable. Pour faciliter la gestion du compostage, le secteur idéal devrait correspondre, autant que possible, aux critères suivants:

- *À proximité de la cuisine.* De cette façon, vous n'aurez pas à marcher trop loin pour vider votre contenant de récupération de cuisine.

- *À proximité du jardin.* Vous faciliterez ainsi le transport des matériaux, puisque vous retirerez beaucoup de matières organiques de votre jardin et le compost que vous produirez y retournera.

- *À proximité d'un point d'eau.* Cela peut se traduire par la proximité d'une sortie d'eau courante, ou mieux encore, d'un baril de récupération de l'eau de pluie, et ce, pour minimiser l'utilisation de l'eau potable.

- *Un emplacement ensoleillé durant la moitié de la journée.* Si votre site de compostage est situé en plein soleil durant toute la journée, c'est loin d'être catastrophique, car la décomposition sera plus rapide. Cependant, comme nous le verrons plus loin, vous devrez être plus vigilant pour surveiller le degré d'humidité de votre compost et l'humidifier plus souvent. Si votre site est situé dans un coin très ombragé, vous devrez vous attendre à ce que la décomposition soit moins rapide. En choisissant un site à la fois ensoleillé et ombragé une partie de la journée, vous pourrez profiter des chauds rayons du soleil pour favoriser le compostage, mais vous serez bien heureux de pouvoir y travailler à l'ombre de temps à autre.

- *Un site où le sol est bien drainé.* Il est préférable d'éviter les endroits où l'eau s'accumule durant plusieurs jours après une pluie. Cela pourrait favoriser des conditions de décomposition anaérobie, donc des problèmes d'odeurs. Et c'est sans compter le désagrément de vous salir les pieds à chaque visite à votre composteur.

Un secteur mi-ensoleillé convient bien au site de compostage.

Un site discret voué aux activités de compostage.

Selon la façon dont certains terrains sont aménagés, il est parfois difficile d'isoler visuellement le site de compostage du reste de la cour. Si vous n'appréciez pas la vue d'un tel site, pensez à aménager un écran à l'avant. Celui-ci pourra être constitué d'un simple treillis (couvert de plantes grimpantes au besoin) ou d'un bosquet d'arbustes. Si vous avez suffisamment d'espace, vous pourrez aussi isoler totalement votre matériel de compostage (composteur, brouette, tamis, etc.) en aménageant un petit site consacré à vos activités de compostage.

Un simple treillis permet d'isoler visuellement le site de compostage.

Un écran fait de branches et de jolies plantes agrémente le coin compost.

Avec le temps, vous constaterez que la pelouse tend à se détériorer autour de votre composteur (ou votre tas). Pour conserver votre site de compostage propre, pensez à appliquer une bande de paillis autour de votre composteur. Ce petit détail contribuera à rendre votre site plus attrayant et plus agréable pour y travailler.

COMPOSTER SUR LE BALCON OU SUR LA TERRASSE

Si vous habitez un immeuble multifamilial et que vous songez à faire du compost sur votre balcon ou votre terrasse, je préfère vous mettre en garde. Un tel système n'est pas simple. D'une part, il n'est pas possible d'utiliser un composteur conventionnel qui ne comporte pas de fond. D'autre part, les risques de générer des problèmes d'odeur ou de jus de compost (lixiviat) sont grands. D'ailleurs, j'ai déjà entendu une histoire d'horreur à ce sujet. Un individu avait poursuivi son voisin d'en haut, car il n'appréciait pas recevoir du jus de compost sur la tête lorsqu'il mangeait sur son balcon… et pour cause.

Si malgré le fait que vous résidiez en multilogements, vous désirez faire votre part pour l'environnement en valorisant vos matières organiques, voici les différentes options :

- demandez la permission à votre propriétaire ou au conseil d'administration (dans le cas des immeubles en condominium ou des coopératives) d'installer un ou deux composteurs sur le terrain, si l'espace le permet;
- pratiquez le compostage communautaire (voir chapitre 4);
- pratiquez le vermicompostage à l'intérieur (voir chapitre 5);
- fabriquez un balcompost ou utilisez un composteur rotatif. Assurez-vous de mélanger de la matière brune (des feuilles par exemple) et un peu de terre à vos résidus de cuisine et soyez extrêmement vigilant.

Un balcompost combine le compostage et la culture des plantes.

LES MÉTHODES DE COMPOSTAGE

Il existe plusieurs méthodes de compostage domestique, mais elles résultent des deux méthodes les plus communes, soit « le compostage en une opération » et « la méthode de l'accumulation graduelle ». Dans les deux cas, le principe est relativement simple. Il s'agit de mélanger des matériaux bruns et des matériaux verts et d'ajouter un peu de terre ou de compost. Vous connaissez bien maintenant quels sont les matériaux des deux catégories que vous pourrez composter. Quant à la terre ou au compost que vous ajouterez, ceux-ci serviront en quelque sorte à ensemencer vos matériaux avec des organismes décomposeurs. Si votre choix se porte sur la terre, n'allez surtout pas utiliser des terres ou des terreaux commerciaux puisque ces derniers contiennent la plupart du temps très peu de « vie ». Optez plutôt pour la terre de votre jardin dans laquelle fourmillent des milliers d'organismes vivants. Pour ce qui est du compost que vous pouvez utiliser, le meilleur demeure votre propre compost mûr ou demi-mûr. Si vous n'avez pas commencé à récolter votre compost, et qu'il vous est impossible de prendre la terre dans votre jardin, procurez-vous un sac de fumier composté pour amorcer votre première expérience de compostage.

Dans les deux techniques de compostage qui suivent, la recette de base est la même. Elle consiste à utiliser deux parties de matériaux bruns pour une partie de matériaux verts. La méthode de compostage en une opération est plus systématique, alors que la méthode de l'accumulation graduelle est la plus commune. À noter que les deux méthodes peuvent être pratiquées successivement.

LA MÉTHODE DE COMPOSTAGE EN UNE OPÉRATION (OU MÉTHODE « LASAGNE »)

La méthode de compostage en une opération implique qu'une certaine quantité de matériaux verts et de matériaux bruns soient disponibles au même moment. Il n'est donc pas possible de la pratiquer en tout temps, puisqu'il vaut mieux ne pas stocker les matériaux verts (sauf en hiver). Cette méthode est possible à deux moments dans l'année, soit au printemps si vous avez accumulé vos résidus de cuisine de l'hiver (voir explications plus loin) ou encore à l'automne alors que vous ferez le ménage de

Au printemps, les résidus de cuisine accumulés durant l'hiver, les feuilles et la terre sont prêts pour l'opération « lasagne ».

votre potager et de vos platebandes et que vous recueillerez d'importantes quantités de matériaux verts (plantes ornementales et plantes légumières annuelles). La méthode de type « lasagne », c'est ainsi que je l'ai surnommée puisque la séquence habituelle de la recette « pâte/sauce/fromage » est remplacée ici par « brun/vert/terre », peut se faire dans un composteur ou un tas. Voici comment procéder:

- Choisissez l'endroit où vous installerez votre composteur ou votre tas et si vous en avez le temps et le goût, extirpez la pelouse qui s'y trouve. Cela aura pour but de faciliter le contact des matières à composter avec le sol, donc avec les organismes décomposeurs. Cette opération est facultative, et le fait de ne pas l'effectuer entraînera peu de conséquences puisque de toute façon, la pelouse finira par se décomposer sous la masse de matières en décomposition.
- Ajoutez sur le sol une couche de matériaux bruns grossiers tels que des branches non déchiquetées (opération facultative). Bien que cette pratique facilite les échanges d'air, elle deviendra très contraignante lorsque viendra le temps de mélanger le compost. Si vous choisissez cette pratique, optez plutôt pour des matériaux verts grossiers, tels que des plants de tomates ou des tiges de maïs. Ces derniers seront moins nuisibles à long terme.
- Faites ici l'incontournable recette. Mettez une couche de 8 à 10 cm de matériaux bruns (1 et 2). Évidemment, les quantités recommandées ne sont qu'à titre indicatif. N'allez surtout pas utiliser un outil de mesure... :
  - ajoutez 4 à 5 cm de matériaux verts (3 et 4);
  - étendez une mince couche de terre ou de compost (5 et 6);
  - arrosez cette première séquence des matériaux s'ils sont plutôt secs, ce qui peut être le cas lorsque vous ferez une « lasagne » d'automne (7). Au printemps, lorsque vous utiliserez les résidus de cuisine de l'hiver, vous remarquez que le tout est déjà amplement humide;
  - continuez à superposer des séquences « brun/vert/terre » en terminant par une couche de brun, et ce, jusqu'à ce que vous n'ayez plus de matériaux ou encore jusqu'à ce que votre composteur soit plein (8, 9 et 10).
- Arrosez au besoin (11).
- Fermez le couvercle de votre composteur ou couvrez votre tas (12). Vous pourrez maintenant passer à l'étape de l'entretien tel que décrit plus loin.

1

2

3

4

5

6

7

8

9

10

11

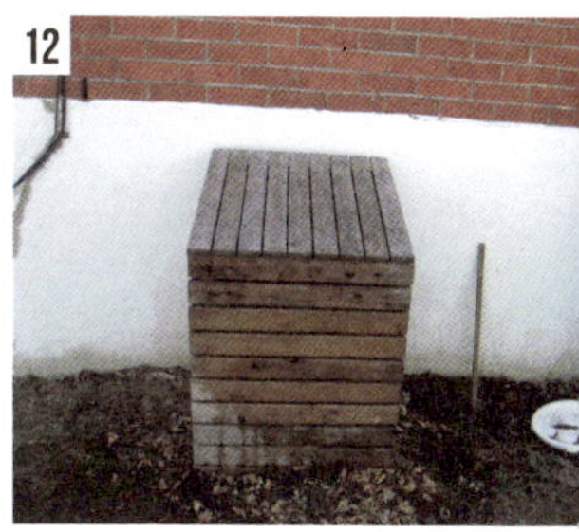
12

LA LASAGNE AU POTAGER POUR LA CULTURE DES CUCURBITACÉES

Si vous prévoyez cultiver des plantes de la famille des cucurbitacées l'été prochain et que vous avez accumulé vos résidus de cuisine durant l'hiver, la « lasagne » pourra se faire en tas directement au potager. Procédez le plus tôt possible au printemps (au plus tard à la mi-avril) tel que décrit précédemment pour la méthode de compostage en une opération dans un composteur (1 à 6), couvrez le tas d'un géotextile (7), brassez aux deux semaines. Deux mois plus tard, enlevez le géotextile, brassez une dernière fois, couvrez le tas d'une couche de 10 cm de terre, puis de paille (8) et procédez à la transplantation des plants de courges ou de concombres. Productivité assurée comme vous pourrez le constater à la page 200.

LA MÉTHODE DE L'ACCUMULATION GRADUELLE

La méthode de l'accumulation graduelle permet de composter les matières organiques au gré de leur disponibilité. Elle peut se pratiquer durant plusieurs mois de l'année et implique idéalement l'usage d'au moins un composteur. Il s'agit d'une méthode qui est moins systématique que la précédente, mais qui est souvent plus simple pour les débutants. Le ratio « brun/vert » des matériaux recommandés est le même que dans la méthode de compostage en une opération, soit deux parties de « bruns » pour une partie de « verts ».

Après les étapes préparatoires (mais facultatives) expliquées dans la méthode précédente, vous devriez procéder comme suit :

- Mettez une couche de matériaux bruns au fond de votre composteur. Si vous n'avez pas de matériaux bruns en mains, des résidus de jardin verts (fleurs fanées, plantes adventices, etc.) feront l'affaire pour le moment. L'épaisseur de cette couche peut varier de 10 cm jusqu'à la moitié de la hauteur de votre composteur.

- Ajoutez les matériaux verts provenant de la cuisine (voir encadré) et du jardin au fur et à mesure de leur disponibilité.

- Ajoutez de temps à autre une pelletée de terre. Cet ajout sera particulièrement important si les matériaux utilisés sont constitués principalement de résidus de cuisine et de feuilles, car ces derniers contiennent peu d'organismes décomposeurs. Par contre, si vous compostez beaucoup de résidus de jardin tels que des

Commencez par mettre une couche de matériaux bruns ou à défaut, de résidus de jardin.

Ajoutez les matériaux verts provenant de la cuisine et du jardin au fur et à mesure.

Ajoutez au besoin des matériaux bruns.

plantes adventices avec leurs racines, l'ajout de terre ou de compost est moins essentiel.

- Ajoutez au besoin des matériaux bruns de façon à rééquilibrer la proportion « brun/vert ».

L'AJOUT DES RÉSIDUS DE CUISINE DANS LE COMPOSTEUR

Lorsque vous ajoutez des résidus de cuisine dans le composteur, prenez le temps de faire un trou dans la masse de compost afin d'y enfouir vos résidus ou encore de les recouvrir de matériaux bruns ou de terre.

Cette simple précaution contribuera à conserver dans votre compost l'azote contenu dans vos résidus de cuisine qui autrement, risquerait de se volatiliser. De plus, vous minimiserez la présence des petites mouches à fruit qui sont légion dans le compost en fin d'été.

LES DEUX MÉTHODES EN SUCCESSION

Peu importe que vous pratiquiez la méthode en une opération ou la méthode de l'accumulation graduelle, sachez que les deux méthodes peuvent se succéder. Par exemple, vous pouvez très bien faire une lasagne de printemps et poursuivre avec l'accumulation graduelle s'il reste de la place dans le composteur. De la même manière, vous pourrez faire une lasagne de printemps dans un composteur qui contient des matières organiques accumulées l'année précédente. En fait, même si la méthode en une opération est plus systématique, la recette est la même dans les deux cas, soit une partie de verts pour deux parties de bruns et un peu de terre. Ce qui importe ensuite, c'est l'entretien que vous ferez de cette matière organique en décomposition.

L'ENTRETIEN DU COMPOST OU... COMMENT OFFRIR DE BONNES CONDITIONS DE TRAVAIL À VOS EMPLOYÉS BÉNÉVOLES ?

Que vous pratiquiez le compostage en une opération, la méthode de l'accumulation graduelle ou les deux méthodes successivement, dans tous les cas vous pourrez compter sur l'aide de millions d'employés bénévoles : les organismes décomposeurs. Pour vous assurer que ceux-ci travaillent rapidement et efficacement, votre rôle sera d'être un patron bienveillant. Ainsi, vous aurez intérêt à leur offrir de bonnes conditions de travail en lien direct avec les besoins physiologiques primaires de ces organismes décomposeurs (besoins d'ailleurs similaires à la plupart des organismes vivants, dont nous, les humains). Ce sont principalement la nourriture, l'eau et l'air (en réalité de l'oxygène).

Le besoin de nourriture des organismes décomposeurs est comblé puisque vous leur offrez déjà la matière organique, l'aliment qu'ils préfèrent. Votre tâche se résumera maintenant à vous assurer qu'ils ne manquent ni d'eau ni d'air.

LE BESOIN EN EAU

Les organismes décomposeurs ont absolument besoin d'eau pour vivre et se reproduire. Mais la quantité d'eau du compost ne doit pas être trop importante, car ainsi elle prendrait la place de l'air qui est tout aussi primordial. Idéalement, le compost devrait toujours être légèrement humide sans être détrempé. Pour illustrer cela, imaginez une éponge qui a été humidifiée puis essorée. Lorsqu'on tient l'éponge entre ses doigts, on peut sentir l'humidité, mais il n'y a pas d'eau qui s'en échappe. Voici les facteurs qui peuvent faire varier la disponibilité de l'eau dans le compost :

- *le degré d'humidité des matériaux compostés.* Les matériaux verts sont en général plus humides que les matériaux bruns. De plus, parmi les matériaux verts, ceux qui proviennent de la cuisine ont généralement un degré d'humidité plus élevé que les résidus de jardin;

- *la situation du composteur ou du tas.* Dans un secteur très venteux et très ensoleillé, le compost perdra plus rapidement son humidité. À l'opposé, dans un secteur ombragé et abrité du vent, il conservera davantage son eau (mais la décomposition sera plus lente);

- *les conditions météorologiques.* Des températures chaudes et sèches favorisent l'évaporation de l'eau du compost. À l'opposé, si l'humidité ambiante est élevée, le compost conserve davantage son eau.

Arrosez le compost avec l'eau de pluie de votre récupérateur.

En dernier recours, utilisez l'eau potable pour arroser votre compost.

Vous comprendrez maintenant pourquoi il n'est pas possible de prévoir la fréquence à laquelle le compost doit être humidifié. Toutefois, lorsque vous alimenterez votre compost, vous serez en mesure de déterminer s'il a besoin d'eau. Au début, vous devrez peut-être toucher votre compost pour sentir avec vos doigts s'il est humide ou non. Mais avec l'expérience, vous en viendrez à reconnaître à l'œil si votre compost a besoin d'eau. Si c'est le cas, différentes options seront possibles. Elles sont présentées ici par ordre de préférence :

- Profitez d'une journée pluvieuse et ouvrez le couvercle de votre composteur ou enlevez le géotextile sur votre tas. Une fois votre compost bien humidifié, n'oubliez pas de remettre le tout en place.
- Installez un récupérateur d'eau de pluie à proximité (si ce n'est pas déjà fait) et utilisez l'eau récupérée au besoin.
- Utilisez l'eau potable pour arroser votre compost. Cette solution doit être de dernier recours, car l'utilisation de l'eau potable (traitée à grands frais) n'est pas sans conséquence économique et écologique.

LE BESOIN D'AIR

Vous n'imagineriez pas vivre dans une maison où le toit s'affaisserait progressivement, vous laissant ainsi de moins en moins d'air pour respirer. Pourtant, c'est un peu ce qui se passe pour vos petits employés bénévoles si vous les laissez à eux-mêmes dans le compost. En fait, les matières organiques que vous accumulez répondent aux lois de la gravité; elles ont donc tendance à se compacter progressivement, laissant toujours moins de place pour l'air. Pour remédier à la situation, vous pourrez adopter l'une ou l'autre de ces pratiques (ou les deux), soit le brassage et le retournement.

LE BRASSAGE

Pour activer la décomposition, l'idéal est de brasser votre compost aux deux semaines. Si vous n'avez pas le temps de respecter cette fréquence, ne vous empêchez pas de dormir pour autant. D'ailleurs, si vous en doutiez, sachez que vous pourrez continuer à prendre des vacances même si vous faites du compost (c'est la réponse à une question qui m'a été posée en conférence). L'important, c'est d'abord et avant tout de faire du compost et non d'entrer en compétition avec votre voisin.

Le brassage du compost permet d'activer la décomposition.

Différents outils de jardin peuvent être utilisés pour brasser le compost. En ordre : une griffe trois dents, une fourche à bêcher, un croc à fumier.

Dans tous les cas, l'objectif est non seulement d'aérer le compost, mais de ramener le compost du fond (davantage décomposé) sur le dessus et de mélanger le tout. Pour effectuer le brassage, différents outils de jardin peuvent faire l'affaire en fonction de la grandeur et de la conception de votre composteur. Je vous suggère d'essayer avec une griffe trois dents, une fourche à bêcher ou un croc à fumier. Si cela fonctionne bien, vous n'aurez pas à dépenser pour acheter un autre outil. Mais, si vous éprouvez des difficultés, sachez qu'il existe sur le marché différents outils spécialement conçus pour aérer le compost. Ces derniers sont particulièrement utiles lorsque le compostage s'effectue dans un composteur de petite capacité, soit plus ou moins 10 pi^3 (0,3 m^3). Attention, si certains outils d'aération peuvent être réellement utiles, d'autres sont de réels « gadgets ».

Les ailettes se collent le long de la tige lorsqu'on enfonce l'outil dans le compost.

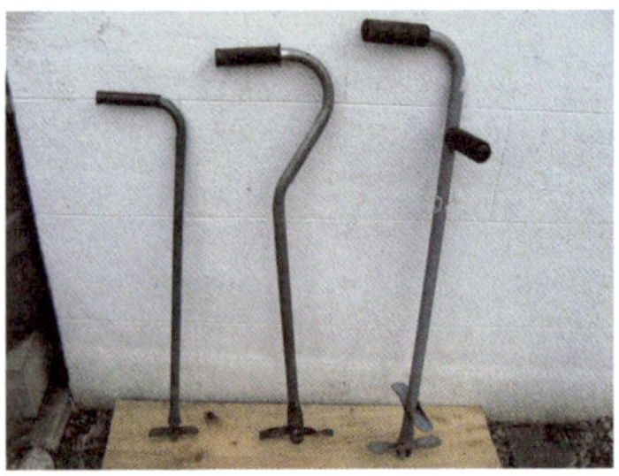

Aérateurs à ailettes variés.

Les aérateurs à ailettes

Parmi les outils d'aération les plus performants, on trouve les aérateurs à ailettes. Ces derniers comportent une longue tige au bout de laquelle il y a des ailettes. Le principe de fonctionnement est simple : les ailettes se collent le long de la tige lorsqu'on enfonce celle-ci dans le compost, mais elles s'ouvrent lors de leur sortie. Le compost le plus mûr est ramené à la surface et du même coup, la matière est allégée. Il existe différentes versions de ce type d'outil. Certains possèdent une paire d'ailettes, d'autres, deux, et la longueur des ailettes est variable. Évidemment, plus il y a d'ailettes et plus celles-ci sont longues, plus le brassage est efficace, mais encore faut-il avoir la capacité physique de manipuler de tels outils. Alors, prenez le temps d'évaluer votre force avant de faire l'acquisition d'un tel outil. Peut-être sera-t-il préférable de sacrifier un peu d'efficacité à l'avantage de la facilité d'utilisation. Ces outils sont habituellement vendus entre 15 $ et 40 $.

Les aérateurs de type « spirale »

Moins communs sur le marché, les aérateurs de type « spirale » sont aussi intéressants. Certains sont faits en plastique, d'autres en métal. Ces derniers, plus efficaces, peuvent être pourvus ou non d'un manche. Dans tous les cas, on enfonce l'outil dans le compost à la façon d'un tire-bouchon puis, en le soulevant, on ramène le compost du fond sur le dessus. Parmi ces différents aérateurs, le Brass'compost qui a la forme d'un gros ressort et qui a été développé en Europe est vraiment efficace. Malheureusement, il est peu disponible en Amérique du Nord.

Le Brass'compost, un outil vraiment efficace, mais peu commercialisé en Amérique du Nord.

Aérateur de type spirale en plastique.

Les autres outils d'aération, des performances discutables

D'autres outils d'aération sont souvent décevants. L'un d'eux est constitué d'une tige de métal perforée, terminée à la façon d'une pointe de flèche. Malgré des efforts musclés, cet outil traverse difficilement la matière organique fraîche. Du fait que la tige est perforée, on pourrait être tenté de laisser l'outil en permanence dans le compost, mais celui-ci se remplit d'eau. De plus, il risque de rouiller. Cet outil est donc sans intérêt. On trouve aussi sur le marché une rallonge de type vrille à installer sur la perceuse. Ce système s'avère très difficile à utiliser lorsque les matériaux sont jeunes, car ces derniers s'enroulent sur la vrille et bloquent littéralement le mécanisme de la perceuse. De plus, cela requiert une source d'énergie (électricité ou piles), une pratique qui n'est pas vraiment en accord avec l'aspect écologique du compostage domestique. C'est donc également un outil à éviter.

L'aérateur de type flèche et la rallonge de type vrille à installer sur la perceuse sont des outils décevants.

LE RETOURNEMENT

Le retournement est une pratique très efficace pour intégrer de l'air dans le compost. De plus, le retournement offre l'avantage d'inverser les couches de compost dont les stades de décomposition varient du « peu décomposé » sur le dessus au « très décomposé » vers le fond du composteur (surtout si vous n'effectuez pas de brassages réguliers). Pour effectuer le retournement, l'idéal est de posséder deux composteurs ou encore de composter en tas. Dans les deux cas, l'outil pratique est la fourche à bêcher. Dans le compostage en tas, il s'agit simplement de déplacer le tas en transférant progressivement les matériaux de gauche à droite ou inversement.

Le retournement s'effectue habituellement lorsque l'un des deux composteurs est plein. Pour que la technique soit facilitée, l'idéal est que les deux composteurs soient placés côte à côte. Dans l'exemple démontré (1), le composteur de gauche est vide alors que celui de droite est bondé. Il s'agit d'ouvrir le dessus et l'avant du composteur de droite (2) puis de transférer son contenu dans celui de gauche (3). De cette façon, les matériaux qui étaient peu décomposés en surface du composteur de droite se retrouveront au fond du composteur de gauche et vice-versa pour les matériaux les plus décomposés. À l'inverse du début, le composteur de droite est maintenant vide et celui de gauche est plein (4). L'accumulation des matériaux débutera à nouveau dans le composteur de droite (5 et 6) pendant qu'on se limitera à surveiller les paramètres (humidité, aération) dans le composteur de gauche, sans ajouter de nouveaux matériaux. Avec cette façon de procéder, le compost mature sera toujours extrait du composteur de gauche alors que les matériaux « frais » seront

toujours ajoutés dans le composteur de droite. La fréquence des retournements peut varier d'une à trois fois durant la saison. Elle sera réglée en fonction de la vitesse de décomposition des matières et du nombre de composteurs que vous possédez puisque le retournement suppose idéalement que vous ayez un composteur vide.

À la rigueur, la méthode de retournement peut être pratiquée avec un seul composteur, surtout si ce dernier peut être soulevé facilement comme c'est le cas pour les modèles de plastique de forme conique. Il s'agit simplement de soulever le composteur, de le placer d'un côté ou de l'autre du tas de compost puis de remettre ce dernier dans le composteur.

LES ACCÉLÉRATEURS À COMPOST UTILES OU… FUTILES !

Les accélérateurs à compost du commerce sont habituellement constitués d'engrais à forte teneur en azote ou d'inoculants tels que des bactéries déshydratées. Bien que ces produits puissent être utiles dans de rares cas (par exemple si vous compostez d'importantes quantités de feuilles), ils ne sont pas indispensables. De plus, ils sont souvent onéreux. Enfin, en matière d'environnement, le premier réflexe doit être de réduire la consommation incluant l'achat de ce genre de produit. Heureusement, vous pourrez les remplacer par des ingrédients que vous avez sous la main.

Les accélérateurs commerciaux ne sont pas indispensables.

La fougère et le pissenlit peuvent servir d'accélérateur à compost.

Tous les matériaux qui ont une forte teneur en azote peuvent faire office d'accélérateurs à compost. C'est le cas des rognures de gazon (voir les recommandations concernant le compostage des rognures de gazon dans le chapitre 2 *Les matériaux à composter*) et de plusieurs plantes telles que la fougère, le pissenlit, l'ortie et la consoude que vous pourrez utiliser telles quelles ou en les faisant macérer préalablement dans l'eau durant quelques jours.

Quant à l'apport d'inoculants, il sera réalisé par l'ajout d'une pelletée de bonne terre de votre jardin, de compost mûr ou encore d'un « thé de compost » fait avec ce dernier (voir chapitre 8). Vous apporterez ainsi à votre compost nombre d'organismes décomposeurs.

Si vous n'êtes pas en mesure de vous offrir ces possibilités, à la rigueur, vous pourrez commencer votre expérience de compostage en vous procurant un sac de fumier composté.

Certains engrais naturels peuvent agir en tant qu'accélérateurs.

Enfin, tous les engrais naturels riches en azote (algues, farine de crevettes, fumiers déshydratés, etc.) peuvent remplacer les accélérateurs à compost, et souvent à moindre coût.

Enfin, on trouve sur le marché du son de bokashi qui, associé à un contenant spécial, permettrait une décomposition anaérobie des résidus de cuisine dans la maison. Encore une fois, l'achat d'un tel système n'est à mon avis ni économique ni écologique. D'autant plus que le résultat doit de toute façon poursuivre le processus de décomposition dans un composteur à l'extérieur avant d'être utilisé au jardin.

LE COMPOSTAGE EN HIVER

Ça y est, vous et votre famille avez intégré la récupération des résidus de cuisine dans votre routine, mais voici que l'hiver arrive et vous ne savez que faire. Évidemment, il serait dommage de perdre une si bonne habitude (et de devoir recommencer à éduquer les membres de votre famille le printemps suivant), mais avec le froid et l'accumulation de neige, il se peut que votre composteur soit difficilement accessible. De plus, si vous utilisez un contenant de plastique, vous risquez de casser son couvercle en tentant de le manipuler alors qu'il est pris dans la glace.

Durant l'hiver, les organismes décomposeurs sont au ralenti.

Avec l'arrivée du froid, il faut être conscient que les organismes responsables de la décomposition (vos employés bénévoles) entreprennent en quelque sorte une période de chômage. En réalité, à moins de composter d'importants volumes, les organismes décomposeurs sont très peu actifs lorsqu'il fait froid, ce qui signifie que les matériaux que vous ajouterez n'entreprendront leur processus de décomposition qu'avec l'arrivée du printemps. Si vous avez accès à un composteur et que vous choisissez de continuer à l'alimenter avec vos résidus de cuisine durant tout l'hiver, il vous faudra être vigilant. Vous devriez prendre l'habitude d'ajouter également des matériaux bruns de temps à autre (des feuilles mortes par exemple). Autrement, vous risquez de faire face à des problèmes d'odeurs occasionnés par cette importante masse de matière « verte » non décomposée lorsque viendra le printemps ou s'il survient un dégel durant l'hiver. De plus, le lixiviat (la partie liquide) de cette masse risque d'être lessivé vers le sol s'il n'est pas retenu par des matériaux bruns, avec les conséquences écologiques que cela comporte. Enfin, lorsque les résidus de cuisine tardent à se décomposer, ils peuvent être attirants pour les petits animaux, lorsqu'il y a des périodes de temps doux.

La méthode que je préconise durant l'hiver consiste à entreposer les résidus provenant de la cuisine dans des seaux de plastique de 20 litres placés à l'extérieur près de la porte arrière ou encore dans un cabanon ou un garage non chauffé. Pour éviter le gaspillage des ressources, vous pourrez récupérer de tels seaux auprès des institutions qui y entreposent des détersifs ou des denrées alimentaires. Ils sont aussi

Durant l'hiver, un choix intéressant consiste à entreposer les résidus de cuisine dans des seaux de plastique placés à l'extérieur.

vendus pour quelques dollars dans certains commerces de grande surface. Pour vous assurer d'avoir suffisamment de capacité de stockage pour tout l'hiver, prévoyez-en au moins trois pour chacun des membres de la famille. Voici un bon truc pour stocker davantage de résidus de cuisine dans les seaux durant l'hiver. Lorsque vous en avez un de bondé, entrez-le durant quelques heures. Sous l'effet de la chaleur, les matériaux dégèleront puis se compacteront davantage. De cette façon, vous libérerez environ le tiers de l'espace de votre seau et vous pourrez continuer de le remplir.

Entreposés à l'extérieur de cette façon, vos résidus demeureront pratiquement congelés tout l'hiver, surtout si vous prenez soin de stocker vos seaux dans un endroit ombragé. Le printemps venu, aussitôt que vous observerez un début de décongélation (entre le début et la fin d'avril), vous pourrez procéder à la méthode de compostage en une opération dans un composteur ou en tas au jardin tel que décrit à la page 101. Parce que ces matériaux auront gelé (et possiblement dégelé à quelques reprises), ils seront plus facilement attaqués par les micro-organismes et se décomposeront rapidement.

LA RÉCOLTE DU COMPOST... ENFIN !

Une des questions qu'on me pose fréquemment lorsque je donne des formations sur le compostage est : « Combien tout cela prend-il de temps ? » Ma réponse est toujours la même : « Entre trois mois et trois ans ». En fait, la période qui sépare le moment où vous déposerez les premiers matériaux au composteur et celui où vous pourrez récolter le compost mature est directement reliée à la façon dont vous gérez le processus de compostage. Encore ici, il n'y a pas de méthode idéale; il y a la méthode qui vous convient le mieux, car l'important est d'abord et avant tout de composter.

Considérant que vous savez maintenant que toute matière organique se décompose, qu'on le veuille ou non, vous ferez peut-être partie de ceux qui sont portés à laisser aller la nature à son rythme en intervenant le moins possible. Si vous optez pour cette approche, vous devrez être patient et peut-être aussi posséder plusieurs composteurs (ou composter en tas, puisque cette méthode n'implique pas de limite de volume), car votre compost pourra prendre jusqu'à trois ans avant d'être mature. À l'opposé, si vous avez beaucoup de disponibilité et d'intérêt pour le compostage, vous choisirez peut-être de suivre à la lettre toutes les recommandations de ce livre. Dans ce cas, avec un peu d'expérience (et beaucoup d'énergie), vous serez en mesure de fabriquer du compost en trois mois.

Enfin, si comme la plupart des gens, vous choisissez d'y mettre un peu de votre temps (pas trop tout de même, vous n'avez pas que ça à faire), vous pourrez sans doute récolter votre compost après un an. Mais, quelle que soit l'approche que vous adopterez dans la fabrication de votre compost, vous aurez le loisir d'intervenir à différents niveaux afin de stimuler la décomposition de vos matériaux compostables. Ainsi, vous exercerez un contrôle sur la vitesse de décomposition, comme vous le constaterez dans la prochaine section qui se veut également une révision des différents concepts présentés dans ce chapitre.

LES FACTEURS QUI INFLUENT SUR LA VITESSE DE DÉCOMPOSITION

Les facteurs qui conditionnent la vitesse de décomposition sont : l'équilibre des matériaux bruns et des matériaux verts, la grosseur des matériaux, l'humidité, l'aération, le volume à composter et la méthode de compostage utilisée.

L'ÉQUILIBRE DES MATÉRIAUX BRUNS ET DES MATÉRIAUX VERTS

L'équilibre des matériaux bruns et des matériaux verts est primordial pour répondre adéquatement aux besoins alimentaires des organismes décomposeurs. Si vous débutez dans le compostage domestique, adoptez la recette de base dont le ratio est deux parties de brun pour une partie de vert. Avec l'expérience, vous développerez votre propre recette qui sera plus adaptée aux matériaux que vous aurez l'habitude de composter puisque le rapport C/N est variable selon les différents matériaux.

LA FRAGMENTATION DES MATÉRIAUX

Plus les matériaux sont fragmentés, plus ils offrent de portes d'entrée pour les organismes décomposeurs. Bien que plusieurs matériaux soient déjà passablement petits, comme la plupart des résidus de cuisine, d'autres sont plus grossiers. Ces derniers ont avantage à être déchiquetés, morcelés, écrasés, peu importe la façon. C'est le cas par exemple des branches, des feuilles mortes de grande dimension et de certains résidus de cuisine tels que les épis de maïs et les pelures de melons. Malgré tout, si la fragmentation des matériaux vous rebute, mettez les matériaux tels quels au composteur. Soyez simplement plus patient, car la récolte tardera.

L'HUMIDITÉ

L'eau est essentielle pour maintenir la vie des organismes décomposeurs. En gardant une humidité constante, mais non excessive, on s'assure que nos employés bénévoles travaillent rapidement et efficacement.

L'AÉRATION

L'air est également essentiel au maintien de la vie des organismes décomposeurs. On l'a vu précédemment, les techniques de brassage et de retournement sont efficaces pour assurer le minimum d'aération requis dans le compost.

LE VOLUME DES MATÉRIAUX À COMPOSTER ET LA MÉTHODE DE COMPOSTAGE UTILISÉE

Ces deux facteurs sont intimement liés. Si vous expérimentez la méthode du compostage en une opération qui implique des quantités appréciables de matières organiques, vous remarquerez que la décomposition est plus rapide en comparaison avec la méthode d'accumulation graduelle. Cela est dû au fait que dans une importante masse de compost, l'activité microbienne est optimale, ce qui d'ailleurs se traduit par une augmentation de la température.

QUAND LE COMPOST EST-IL PRÊT À UTILISER?

Le compost franchit deux étapes importantes dans sa vie. Lorsqu'il n'est plus possible d'identifier les matériaux avec lesquels il a été fabriqué et que l'activité microbienne s'est calmée, on dit que le compost est stable. Celui-ci peut être utilisé au jardin, mais seulement dans certains cas, car il pourrait contenir des substances susceptibles de nuire à la croissance des plantes, comme vous le verrez au chapitre 6. Lorsque le compost est mature, son aspect et son odeur rappellent une bonne terre et les vers en sont généralement absents. Durant le processus de maturation, les transformations ne seront pas nécessairement visibles à l'œil nu, mais les microorganismes décomposeurs finiront de décomposer les matières les plus résistantes pour les transformer en humus. Le compost mature peut être utilisé dans tous les cas et pour toutes les plantes.

De gauche à droite : compost brut, compost stable, compost mature.

L'UTILISATION D'UN TAMIS, UNE BONNE FAÇON POUR RÉCOLTER SON COMPOST EN TOUT TEMPS

Peu importe l'approche que vous adopterez pour faire votre compost, vous remarquerez tôt ou tard qu'une partie des matériaux que vous avez mis dans votre composteur ou votre tas ressemble à de la terre alors qu'une autre partie n'a pas encore terminé le processus de décomposition. Si vous avez besoin de compost, en le tamisant, vous aurez le loisir de recueillir la partie de compost mûr, tout en remettant la partie non décomposée au composteur.

Puisque les tamis à compost sont encore peu commercialisés, vous devrez peut-être fabriquer le vôtre. Pour ce, vous pourrez vous inspirer de la méthode expliquée dans l'encadré, mais l'idéal sera que vous adaptiez la dimension de votre tamis à vos besoins, par exemple de façon que celui-ci s'ajuste parfaitement à votre brouette.

Le tamis idéal est conçu de façon à s'ajuster parfaitement à la brouette.

Une autre alternative consiste à récupérer le grillage de façade d'un ventilateur (ceux qui sont en petits carreaux de préférence à ceux qui sont en rayons). Durant la saison chaude, gardez l'œil ouvert, vous serez étonné de voir le nombre de ventilateurs abandonnés aux poubelles !

Pour tamiser votre compost, une bonne façon de faire consiste à placer le tamis sur une brouette et à y déposer ensuite le compost à tamiser. Par la suite, vous devrez agiter énergiquement les matériaux avec vos mains afin de faire passer le maximum de compost à travers le tamis. Le compost mature sera ainsi recueilli dans la brouette alors que les matériaux qui demeurent dans le tamis seront remis au composteur.

Vous pourrez aussi tamiser votre compost par terre, en munissant votre tamis de bras de support afin de pouvoir le placer en diagonale par rapport au sol.

Pour tamiser le compost, transférez-le dans un tamis placé sur la brouette.

Muni d'un bras de support, le tamis peut également être placé en diagonale sur le sol.

Agitez les matériaux afin de les faire passer à travers le tamis.

FABRICATION D'UN TAMIS ARTISANAL ADAPTÉ À UNE BROUETTE DE 5 PI^3 (0,14 M^3)

Matériel nécessaire

- Une planche de cèdre de l'Ouest (ou autre type de bois) de 1 po × 5 po × 10 pi (2,5 cm × 12,7 cm × 3 m). Ces planches sont habituellement vendues pour la fabrication des patios. Coupez la planche de façon à faire deux bouts de 29 po (73,3 cm) et deux de 29,5 po (75 cm).

Vous aurez également besoin de :

- Trois petites pièces de bois (cèdre ou autre) de 3/4 po × 3/4 po (1,9 cm × 1,9 cm) dont deux auront 24 po de longueur (61 cm), alors que la troisième aura 15 po de longueur (38 cm).
- Une pièce de grillage métallique (maille de fer galvanisé soudé) de 31 po × 29 1/2 po (78,7 cm × 75 cm) dont les carrés ont des côtés de 1/2 po (1,27 cm).
- 12 vis à plateforme (patio) de 2 po (5 cm).
- 20 clous galvanisés de 1 1/2 po (3,8 cm).

Fabrication

1. Vissez les planches de façon à former un rectangle de 31 po × 29 po (78,7 cm × 74 cm).
2. À l'aide d'une agrafeuse, fixez la pièce de grillage métallique sur le rebord du rectangle.
3. Sur chacun des deux côtés du rebord qui comportent le grillage et qui sont les plus longs, placez une petite pièce de bois de 24 po (60 cm) et fixez-la à l'aide de clous. Les deux petites pièces de bois serviront à stabiliser le tamis de part et d'autre de la cuve de la brouette.
4. Fixez de la même façon la petite pièce de bois de 15 po (28 cm) sur un des deux côtés de 29 po (74 cm). Cette petite pièce sera disposée à l'intérieur de la cuve de la brouette du côté des poignées. Elle permettra de retenir le tamis afin qu'il ne glisse pas vers le bas puisque la cuve de la brouette est souvent plus basse de ce côté.

LE COMPOST PEUT-IL SE CONSERVER ?

Une fois qu'il est mature, le compost devrait être utilisé sans trop tarder, étant donné qu'il perd progressivement ses propriétés pour améliorer les sols. De plus, ses qualités fertilisantes ne s'améliorent plus et son volume diminue. Le compost se minéralise et devient progressivement de la terre. Ainsi, vous n'avez pas intérêt à stocker inutilement du compost mature, mais si cela est inévitable, tentez du moins de ne pas excéder une période d'un an. Pour minimiser la perte des propriétés du compost, entreposez-le dans des sacs (s'il ne l'est pas déjà) que vous placerez à l'abri de la pluie, de la neige, de la lumière et du vent, soit par exemple dans le garage, dans le cabanon ou encore sous la galerie. Mais ne vous inquiétez pas pour le gel hivernal puisque celui-ci a peu d'effets sur les qualités du compost.

LES PROBLÈMES ET LES SOLUTIONS

Malgré tout votre bon vouloir, il n'est pas exclu que des problèmes surviennent lors de vos activités de compostage. Les problèmes sont la plupart du temps le résultat d'un manque d'expérience. Ils peuvent être réglés facilement par l'adoption de bonnes pratiques ou encore par des interventions simples. Dans la présente section, vous trouverez les principaux problèmes qui peuvent survenir, leur cause et enfin les solutions.

LES MATÉRIAUX NE SEMBLENT PAS SE DÉCOMPOSER OU SE DÉCOMPOSENT TRÈS LENTEMENT

Causes possibles	Solutions
La proportion de matériaux bruns est trop importante par rapport aux matériaux verts	Si disponibles, ajoutez des matériaux verts pour tendre vers la proportion brun/vert = 2/1 Sinon, en attendant, ajoutez un engrais naturel azoté (fumier de poulet déshydraté, thé de compost)
Les organismes décomposeurs sont en faible quantité	Ajoutez une pelletée de terre de votre jardin, de vieux compost ou de fumier composté. Ajoutez régulièrement des résidus de jardin (avec racines et terre)
Le compost est trop sec	Humidifiez le compost au besoin
Le compost manque d'air	Brassez ou retournez le compost
Les matériaux sont trop fins ou le compost est trop compact	Ajoutez des agents structurants comme de petites branches ou des copeaux de bois
Les matériaux sont grossiers	Prenez l'habitude de broyer ou de couper les matériaux grossiers (branches, épis de maïs, cônes de conifères, etc.) Brassez fréquemment

ÇA SENT MAUVAIS !

Causes possibles	Solutions
Pratiquement que des résidus de cuisine dans le composteur	Évitez de ne composter que des résidus de cuisine Si disponibles, ajoutez des matériaux bruns pour tendre vers la proportion brun/vert = 2/1 Sinon, ajoutez une pelletée de terre ou de vieux compost (sans exagérer pour la terre, car elle aura pour effet d'alourdir le compost) Ajoutez régulièrement des résidus de jardin
Mauvaise gestion des résidus de cuisine	Videz régulièrement votre récupérateur de cuisine (n'attendez pas que vos matières organiques marchent toutes seules vers le composteur) Coupez les aliments entiers (ceux qui ont commencé leur décomposition dans votre réfrigérateur). Cela est particulièrement important s'il s'agit d'aliments qui ont une forte tendance à générer des odeurs (brocoli, oignons, patates)
Trop de rognures de gazon fraîches (odeur d'ammoniac)	Évitez les rognures de gazon en quantité Relisez le chapitre 2 traitant des solutions pour composter les rognures de gazon sans danger ou pour les valoriser par l'herbicyclage
Manque d'aération (odeur d'œufs pourris)	Brassez ou retournez régulièrement le compost Ouvrez le couvercle par temps sec si le compost est trop humide Ajoutez des matières brunes absorbantes (bran de scie, feuilles mortes, papier journal) ou structurantes (brindilles, copeaux)
Présence de matériaux non recommandés	Évitez les matériaux non recommandés pour le compostage domestique tels que viandes, poissons, produits laitiers, gras et huiles (voir chapitre 2 *Les matériaux compostables*)

ON SOUPÇONNE LA PRÉSENCE DE PETITS MAMMIFÈRES (RATONS LAVEURS, MOUFETTES, RATS, CHIENS)

Causes possibles	Solutions
Présence de matériaux attractifs	Évitez les matériaux non recommandés pour le compostage domestique tels que viandes, poissons, produits laitiers, gras et huiles (voir chapitre 2 *Les matériaux compostables*)
Résidus de cuisine laissés en surface	Prenez l'habitude d'enfouir ou de recouvrir les résidus de cuisine
Compost à découvert	Prenez l'habitude de fermer le couvercle du composteur
Habitat favorable (près d'une forêt ou d'un cours d'eau, système d'égout détérioré)	Évitez le compostage en tas, ou mettez un grillage à poules autour pour limiter les animaux qui grimpent difficilement (par exemple les chiens). Utilisez un composteur robuste doté d'un couvercle solide Posez un grillage sur la partie interne ou externe du composteur en bois lors de sa construction(1) Installez un grillage sous le composteur de plastique (maille de 1 cm) (2)

Édith Smeesters

ON OBSERVE DE GRANDES QUANTITÉS D'INSECTES DE LA MÊME ESPÈCE (FOURMIS, GUÊPES, PERCE-OREILLES, ETC.)

Note : Même si certains insectes entrent en jeu dans le processus de décomposition de la matière organique, la présence d'une espèce en grande quantité dépend des conditions particulières au site, aux pratiques, etc.

Insectes	Causes possibles	Solutions
Mouches à fruit (drosophiles)	Mauvais recouvrement des résidus de cuisine (spécialement les fruits)	Enfouissez systématiquement les résidus de cuisine ou recouvrez-les de matériaux bruns ou de terre
Guêpes, fourmis	Mauvais recouvrement des résidus de cuisine (spécialement les fruits)	Enfouissez systématiquement les résidus de cuisine ou recouvrez-les de matériaux bruns ou de terre
	Présence de matières attractives	Prenez garde aux matières riches en protéines ou sucrées
	Équilibre inadéquat des matériaux	Maintenez l'apport de matériaux de façon à respecter la proportion brun/vert = 2/1
	Manque d'eau	Humidifiez le compost
	Visites espacées	Visitez votre composteur régulièrement
Vers blancs , vers gris, vers fils de fer	Le compost à découvert est un milieu de ponte par excellence pour les hannetons (vers blancs), les noctuelles (vers gris) et les taupins (vers fils de fer), tous des ravageurs au jardin	Maintenez le compost couvert la plupart du temps en utilisant un couvercle relativement étanche dans le cas d'un composteur et une toile géotextile dans le cas d'un tas

LE COMPOST EST ENVAHI PAR DES RACINES D'ARBRES

Causes possibles	Solutions
Proximité d'arbres ayant des racines agressives (érables)	Brassez ou retournez régulièrement le compost en intégrant les racines Couvrez le fond du composteur à l'aide d'un géotextile de qualité dans les cas plus graves et récurrents

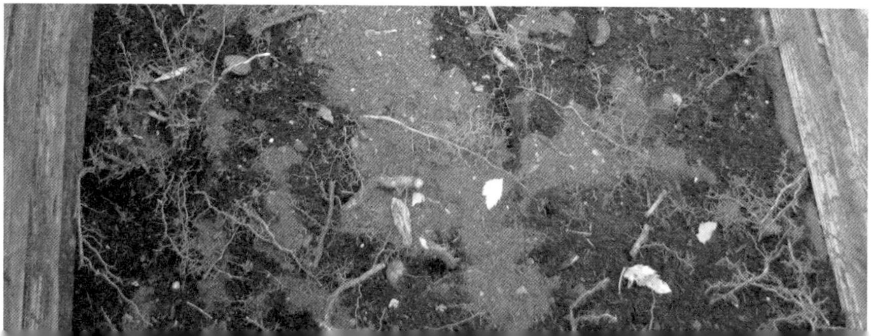

IL Y A DE GRANDES QUANTITÉS DE MOUCHES À FRUIT (DROSOPHILES) DANS LA MAISON

Causes possibles	Solutions
Le contenant de récupération de cuisine n'est pas recouvert ou il n'est pas géré adéquatement	Couvrez le contenant de récupération de cuisine ou placez-le dans l'armoire Sortez régulièrement le contenant de résidus de cuisine Lavez régulièrement la tablette ou le tiroir où votre récupérateur de cuisine est entreposé Installez des petits pièges (encadré)
Les mouches proviennent du panier à fruits	Lavez les fruits en les mettant dans le panier à fruits et couvrez ce dernier d'un linge propre Gardez les fruits au réfrigérateur

Note : La présence des mouches à fruit dans la maison en fin d'été est un phénomène fréquent. On les introduit habituellement avec les fruits.

UN PETIT PIÈGE SIMPLE POUR ATTRAPER LES MOUCHES À FRUIT

Pour fabriquer ce piège, vous aurez besoin d'un petit contenant de verre, de pellicule moulante, d'une baguette de bois (qu'on utilise pour les brochettes) ou à défaut d'un cure-dent et d'un appât : petite section de banane bien mûre (mon préféré), petit morceau d'ananas, vinaigre de cidre de pomme ou bière. Bref, tout ce qui peut fermenter, qui sent le vinaigre ou la levure.

Placez l'appât dans le contenant, couvrez de pellicule moulante (au besoin, retenez-la avec un élastique) puis faites une dizaine de trous à l'aide de la partie pointue de la baguette de bois. Installez votre piège dans un endroit très éclairé (rebord de la fenêtre, luminaire) et... observez le résultat. Libérez régulièrement vos prisonnières à l'extérieur de la maison et réinstallez votre piège au besoin.

CHAPITRE 4

LE COMPOSTAGE DE MOYEN ET GRAND VOLUME :

QUAND LA MATIÈRE ORGANIQUE ABONDE

Lorsque le volume de matières organiques excède celui du compostage domestique, soit un maximum de 4 m^3, des connaissances plus approfondies sont nécessaires. Le présent chapitre se veut une introduction aux pratiques de compostage de moyen et grand volume. Il s'adresse aux personnes qui sont concernées de près ou de loin par la valorisation des matières organiques. Que vous compostiez vous-même vos matières organiques ou que vous décidiez d'en confier la gestion à un organisme, un consultant, une entreprise ou à votre municipalité, ce chapitre vous aidera à comprendre le b.a.-ba du compostage. Plus spécifiquement, les prochaines lignes seront utiles :

- aux regroupements de locataires et aux organismes qui désirent faire du compostage communautaire tout en maximisant les chances que le projet soit bien géré et qu'il plaise à tous;
- aux propriétaires de petites fermes qui ont à cœur de valoriser adéquatement les résidus qu'ils produisent (fumiers, résidus de plantes, etc.);
- aux membres des jardins communautaires et collectifs qui désirent composter les résidus de jardins tout en minimisant les dangers de contamination lorsque des plantes malades sont compostées;

- à toutes les personnes qui veulent démarrer ou poursuivre des projets de compostage éducatifs et pratiques dans leur institution;
- aux propriétaires et gestionnaires qui visent la réduction de l'empreinte écologique de leur ICI (industries, commerces, institutions);
- aux gens qui font du compostage domestique depuis plusieurs années et qui veulent maintenant faire face à de nouveaux défis en compostant de façon sécuritaire de plus grandes quantités de matériaux ou encore des matériaux qui sont considérés comme problématiques (plantes malades, plantes en graines, etc.);
- enfin, à toutes les personnes qui veulent mieux comprendre comment et pourquoi leurs déchets organiques doivent absolument être valorisés.

Craque-Bitume

Une journée de récolte sur un site de compostage communautaire de l'organisme Craque-Bitume.

LES SYSTÈMES DE COMPOSTAGE

Les systèmes de compostage peuvent être classés selon trois critères : le volume des matières compostées, l'endroit où le compostage a lieu ou encore la nécessité d'avoir recours à un certificat d'autorisation.

Les systèmes classés selon le volume des matières compostées:

- compostage de petit volume ou à petite échelle (volume maximal: 4 m^3);
- compostage de volume moyen, intermédiaire ou à moyenne échelle pour institutions, commerces, petites industries, fermes familiales ou communautés (volume: 5 à 50 m^3).
- compostage industriel, de grand volume ou à grande échelle pour les grandes industries et les municipalités (volume: plus de 50 m^3).

Les systèmes classés selon l'endroit où le compostage est effectué:

- compostage *in situ* (les matières générées sont compostées sur le site) (voir ci-dessous);
- compostage *ex-situ* ou centralisé (les matières générées sont transportées à l'extérieur du site pour être compostées).

Les systèmes classés selon qu'ils nécessitent ou non un certificat d'autorisation (voir page 132).

À titre d'exemple, le compostage domestique peut être classé à la fois dans le compostage de petit volume et dans le compostage *in situ*, mais il ne nécessite pas de certificat d'autorisation. À l'opposé, le compostage industriel fait partie la plupart du temps du compostage à grande échelle et du compostage *ex-situ* et nécessite toujours un certificat d'autorisation. Enfin, le compostage intermédiaire peut être fait ou non sur le site et nécessiter ou non un certificat d'autorisation.

LE COMPOSTAGE SUR SITE

Le compostage sur site, nommé aussi compostage *in situ*, permet de composter directement sur place les matières organiques générées par les ICI (industries, commerces, institutions).

En plus des bénéfices du compostage déjà énumérés dans le chapitre 1, le compostage sur site offre plusieurs avantages. Il permet:

- d'éviter les conséquences négatives du transport (utilisation de pétrole, production de GES, bruit, trafic, poussières) vers les lieux de valorisation extérieurs;
- d'éviter les effets négatifs du stockage des matières organiques dans des conteneurs à déchets durant de longues périodes (odeurs nauséabondes, lixiviat qui s'échappe);

- de contrôler la gestion des matières organiques à toutes les étapes et ainsi produire un compost de qualité;
- d'utiliser le compost produit pour les aménagements de l'établissement, de le distribuer gratuitement aux employés, aux clients ou dans certains cas de le vendre;
- de réduire, dans certains cas, les coûts de gestion des matières résiduelles;
- de mobiliser les employés vers un projet stimulant.

Pour plus d'information au sujet du compostage sur site, consultez le *Guide technique pour le compostage sur site en ICI.*

Le site de compostage du Domaine Cataraqui.

LE COMPOSTAGE INDUSTRIEL

Le compostage industriel permet de valoriser d'importants volumes de matières organiques provenant de différents secteurs. Ce sont le plus souvent des fumiers, des résidus agroalimentaires, des boues d'épuration, des résidus papetiers, du gazon, des feuilles, des résidus alimentaires domestiques, etc. Selon l'usage prévu du compost, différents intrants tels que la tourbe de sphaigne et la chaux peuvent être ajoutés aux résidus organiques.

Le compost qui résulte de la valorisation industrielle des matières organiques peut être utilisé à des fins agricoles et horticoles. Mais dans certains cas, il sera avant tout utilisé à d'autres fins telles que:

- la restauration de sites (ex. : sablières);
- le recouvrement de lieux d'enfouissement;
- le contrôle de l'érosion (ex. : pentes le long des autoroutes).

Les entreprises de compostage industriel doivent répondre à des normes environnementales pour minimiser les effets néfastes que la valorisation de grandes quantités de matières organiques pourrait avoir sur l'environnement. Par exemple, les lixiviats qui s'écoulent des tas de compost doivent être recueillis dans des bassins de rétention, puis aérés et décantés avant d'être retournés dans l'environnement lorsqu'ils satisfont à divers critères chimiques (comme les nutriments ou les matières en suspension). Autrement, ils doivent faire l'objet de traitements supplémentaires.

Les lixiviats qui s'écoulent des composts doivent être gérés efficacement pour répondre aux normes environnementales.

LA COLLECTE MUNICIPALE DES MATIÈRES COMPOSTABLES

La collecte municipale des matières compostables (aussi appelées matières putrescibles), déjà implantée dans plusieurs municipalités, permet de valoriser les matières organiques de source domestique (résidus verts et résidus alimentaires). Autrement, ces dernières doivent être dirigées vers les lieux d'enfouissement et les incinérateurs si elles ne sont pas gérées à la source selon la méthode du compostage domestique ou du compostage sur site. Les matières compostables peuvent être collectées avec les autres matières résiduelles (matières recyclables et déchets réels) selon différentes approches, mais la plupart des municipalités optent pour la collecte à trois voies. Cette dernière implique qu'il y a trois fractions de matières qui sont ramassées séparément : les déchets, les matières recyclables et les matières organiques. Les résidants séparent les matières organiques à la source en les déposant dans un contenant qui leur est dédié. Après la collecte, les matières compostables sont dirigées vers les entreprises de compostage industriel ou valorisées par les municipalités par compostage ou biométhanisation. Bien que d'autres systèmes de collecte soient parfois choisis (par exemple, la collecte mixte où la matière organique est ramassée avec les déchets), la collecte à trois voies est à privilégier, car elle permet d'obtenir un compost de meilleure qualité.

La collecte à trois voies : matières organiques, déchets et matières recyclables.

La collecte municipale des matières compostables est un incontournable pour plusieurs municipalités dont une majorité de citoyens vivent en multilogements, car souvent ces derniers n'ont pas la possibilité de faire du compostage domestique ou du compostage communautaire. Mais les grands complexes d'appartements représentent un énorme défi à l'implantation de la collecte sélective, car l'espace pour placer les conteneurs ou les bacs roulants y est souvent limité, en plus des difficultés pour rejoindre efficacement les clientèles diversifiées.

LES RÉGLEMENTATIONS

Tout projet de compostage doit, d'abord et avant tout, se conformer aux règles fédérales, provinciales et municipales puisque ces trois paliers se répartissent différentes responsabilités en matière de gestion du compostage. Selon l'ampleur du projet, vous devrez donc explorer les différentes réglementations, à commencer par les réglementations municipales. À titre d'exemple, le compostage en tas n'est pas autorisé en zone résidentielle dans certaines municipalités. D'autre part, au Québec, le ministère du Développement durable, de l'Environnement et de la Lutte contre les changements climatiques (MDDELCC) demande un certificat d'autorisation (CA) lorsqu'une activité est susceptible de modifier la qualité de l'environnement. Toutefois, certaines activités profitent d'une exclusion d'un CA. Ce sont à titre d'information :

- le compostage de matières exclusivement végétales (feuilles, gazon, résidus de taille, résidus de jardin, copeaux de bois, bran de scie, résidus organiques triés à la source composés exclusivement de végétaux en vrac et provenant exclusivement du site) pour lequel le volume de l'installation est inférieur à 150 m^3 en tout temps;

- l'installation et l'exploitation d'un équipement de compostage thermophile fermé, d'un volume égal ou inférieur à 50 m^3 pour recevoir uniquement des résidus organiques triés à la source et provenant exclusivement du site;

- le compostage à la ferme de moins de 500 m^3 de fumier ou de produits de ferme (litière, animaux morts);

- le compostage à la ferme de moins de 150 m^3 d'un mélange fumier/feuilles mortes, selon certaines balises;
- le compostage à la ferme de moins de 150 m^3 de résidus végétaux d'origine non agricole, selon certaines balises.

Enfin, puisque les règles sont en continuel changement, vous devriez consulter les sites du MDDELCC et du MAPAQ avant tout projet d'envergure.

LES TECHNOLOGIES DE COMPOSTAGE

Il existe plusieurs technologies de compostage. Voici celles qui sont les plus couramment utilisées.

LES COMPOSTEURS EN BOÎTES TRADITIONNELLES

Lorsque la quantité de matière organique est réduite, le choix d'un composteur en boîtes traditionnelles demeure l'option la plus simple et la plus économique. Ces derniers sont habituellement fabriqués en bois, plus occasionnellement en plastique (composite). Pour une efficacité optimale, le système devrait être composé d'au moins trois sections ayant un volume de 1 m^3 chacun. Il s'agit d'une option qui est souvent appropriée pour le compostage communautaire, le compostage dans un jardin communautaire et le compostage dans les petites ICI ou celles qui génèrent un très petit volume de matière organique sans résidus animaliers. Les opérations se font manuellement, ce qui implique une bonne forme physique de la part des personnes concernées. C'est également ce qui limite le volume des matières compostables.

Des composteurs en bois aux jardins collectifs du CRAPAUD à l'UQAM.

Des composteurs en bois au jardin communautaire Des Franciscains.

Des composteurs en composite dans le cadre d'un projet de compostage communautaire de l'organisme Craque-Bitume.

Des composteurs en bois aux Jardins-jeunes du Jardin botanique de Montréal.

LES ANDAINS OU LES PILES SUR AIRES OUVERTES

Les piles (ou tas) sont des accumulations de matières organiques qui ont une forme plus ou moins conique alors que les andains sont des piles allongées. Le compostage en andain ou en pile permet de composter à l'extérieur d'importants volumes de matière organique, et ce, à faible coût. Il est utilisé dans le compostage de volume moyen (jardins communautaires, fermes) et dans le compostage de gros volume (compostage industriel).

Dans le compostage de volume moyen, les andains devraient avoir une hauteur de 1 à 3 m et une largeur de 2 à 5 m, cela pour favoriser une aération maximale au centre. Ils ne nécessitent pas de plateforme, mais ont avantage à être recouverts d'une toile géotextile. L'aération peut se faire passivement (à l'aide de tuyaux percés, disposés dans la pile), manuellement (à l'aide de pelles et de fourches), ou mécaniquement (à l'aide d'un motoculteur, d'un tracteur, ou d'un épandeur à fumier).

Dans le cas du compostage industriel, la hauteur des piles est plus imposante, mais elle excède rarement 4 m. Selon le type et la quantité de matière organique gérée, les piles doivent être déposées sur des plateformes plus ou moins sophistiquées. Cela peut se limiter à un sol argileux imperméable ou une plateforme en béton. L'aération se fait habituellement à l'aide d'une pelle mécanique. En plus de respecter les lignes directrices des activités de compostage, la plateforme peut aussi être pensée de façon à bien supporter la machinerie lourde souvent utilisée dans les opérations (pelle mécanique ou retourneur d'andains).

Tas de compost de forme conique.

Andain recouvert d'un géotextile au Jardin communautaire Le Tournesol.

Andain recouvert d'un géotextile sur une ferme.

Compostage industriel en pile.

LES ANDAINS ET LES PILES CONTENUS AVEC OU SANS AÉRATION

Les andains et les piles contenus sont par définition abrités le plus souvent par un toit. Cela permet de minimiser l'exposition aux précipitations et par conséquent, l'excès d'humidité et le lessivage des nutriments. Le brassage est effectué mécaniquement alors que l'aération (lorsque présente) est assurée par une ventilation forcée. Le système est habituellement installé sur une plateforme de béton ou de bois. Ces infrastructures sont plus coûteuses que les andains à aires ouvertes.

Andains recouverts d'un toit.

LES PILES STATIQUES AÉRÉES

Les piles statiques aérées sont également appelées « piles statiques sous aération forcée ».

Contrairement aux systèmes présentés précédemment, les piles statiques ne sont pas agitées régulièrement. Toutefois, elles profitent d'un système d'aération forcée le plus souvent installé sous la pile de compost. Les piles statiques aérées peuvent être disposées sous aire ouverte ou fermée.

Alexis Fortin

Système d'aération forcée.

LES CYLINDRES ROTATIFS

Les cylindres sont généralement équipés d'un tambour en acier dont le diamètre est compris entre 1,5 et 5 m. Les tambours ont une longueur qui peut varier de 10 à 80 m. Ces systèmes entièrement mécanisés tournent à un rythme allant de 0,5 à 5 rotations par minute. Lorsque les matières organiques sont chargées à une extrémité du cylindre, les retournements transposent la matière vers la sortie du composteur où un bac de collecte est positionné. Dans certains systèmes, c'est le cylindre entier qui tourne, tandis que dans d'autres, c'est un essieu central muni de pales qui agite les matières. Certains systèmes sont munis d'un plan incliné. La combinaison du plan incliné avec la gravité permet aux matières de culbuter dans le fond du tambour à la manière d'un tire-bouchon, depuis l'extrémité d'alimentation supérieure vers le point de déchargement inférieur. Les cylindres rotatifs conviennent pour le compostage de volume moyen (5 à 50 m^3) des ICI. Selon les lignes directrices d'encadrement des activités de compostage, un système supérieur à 50 m^3 requerra l'obtention d'un certificat d'autorisation.

Un cylindre rotatif au Campus Loyola de l'Université Concordia.

LES DIGESTEURS ANAÉROBIES

Les digesteurs anaérobies ne sont pas à proprement parler des systèmes de compostage puisque dans ces derniers, la décomposition de la matière organique doit se faire en présence d'air (aérobie). Au contraire, lors de la digestion anaérobie (ou biométhanisation), les micro-organismes qui entrent en action décomposent la matière organique en absence d'air en produisant du méthane capté et transformé en chaleur ou en électricité. La matière solide ou semi-solide, qui reste une fois le processus de digestion anaérobie terminé, s'appelle le digestat. Ce dernier peut être composté ou séché pour être utilisé en tant qu'engrais. Bien que très onéreuses, les usines de biométhanisation sont bien adaptées pour valoriser les matières organiques municipales, puisqu'elles peuvent être aménagées à proximité des habitations, réduisant par le fait même le transport. De plus, elles permettent de valoriser les boues d'épuration.

Louise Hénault-Ethier

Une partie de l'usine de biométhanisation de la ville de Toronto.

LES MATÉRIAUX COMPOSTABLES

Tous les matériaux compostables, aussi appelés les intrants, qui sont généralement acceptés dans le compostage domestique le sont également dans le compostage de moyen et grand volume. Mais, selon la technologie utilisée, à ceux-ci peuvent s'ajouter différents intrants tels que des excréments d'animaux, de la viande, des résidus d'usine agroalimentaires, etc. Pour plus d'information sur les matériaux compostables, consultez le chapitre 2.

LE RAPPORT CARBONE/AZOTE (C/N) DES MATÉRIAUX

Même si pour des raisons pratiques, dans le compostage domestique, on classe habituellement les matériaux selon qu'ils sont riches en azote (verts) ou en carbone (bruns), en réalité, tous les matériaux compostables contiennent de l'azote et du carbone, mais ces deux éléments sont en quantité variable d'un matériau à l'autre.

Le rapport entre les quantités de carbone et d'azote (C/N) de chacun des intrants est une donnée importante en compostage de moyen et grand volume. Pour déterminer le rapport C/N d'un intrant, les professionnels du compostage de gros volumes procèdent à des analyses de laboratoire afin de doser précisément l'azote et le carbone de l'intrant visé. Mais pour des projets de moins grande envergure (compostage communautaire, compostage sur une petite ferme, etc.), il est également possible d'utiliser un tableau qui présente des données moyennes théoriques pour les différents matériaux (voir le tableau 5 *Caractéristiques de différents matériaux*). Par exemple, le gazon a un C/N autour de 17 (c'est-à-dire qu'il contient 17 fois plus de carbone que d'azote), alors que celui de la sciure de bois se situe autour de 440.

LE RAPPORT C/N

C/N plus petit que 30 = matériau vert = riche en azote

C/N plus grand que 30 = matériau brun= riche en carbone

Il est reconnu que la décomposition est optimale lorsque le mélange des intrants tend vers un rapport C/N de 30/1 (ce rapport peut aller jusqu'à 50/1 sans qu'il y ait de problèmes). Concrètement, les bactéries ont besoin de 30 g de carbone pour décomposer chaque gramme d'azote. Lorsque ce rapport est plus petit que 30, il y a perte d'azote par volatilisation ou lixiviation si le mélange est humide. Lorsqu'il est plus grand que 50, la décomposition est ralentie parce que les micro-organismes n'ont plus suffisamment d'azote pour construire les protéines dont leur corps est composé. Nous verrons plus loin la façon d'établir le ratio des différents matériaux afin d'obtenir le rapport C/N optimal du mélange.

TABLEAU 5

CARACTÉRISTIQUES DE DIFFÉRENTS MATÉRIAUX COMPOSTABLES

Matériaux	C/N (moyen)	% N (sur base de poids sec)	% eau (sur base de poids humide)
Algues	17	1,9	53
Carton ondulé	563	0,1	–
Copeaux de bois dur	560	0,09	–
Copeaux de bois mou	641	0,09	–
Écorce de bois dur	223	0,24	–
Écorce de bois mou	496	0,14	–
Ensilage de maïs	40	1,3	66

Matériaux	C/N (moyen)	% N (sur base de poids sec)	% eau (sur base de poids humide)
Feuilles d'arbres	54	0,9	38
Foin	23	2,1	9
Fumier de bovin laitier	18	2,7	79
Fumier de bovin	19	2,4	81
Fumier de cheval	30	1,6	72
Fumier de mouton	16	2,7	69
Fumier de poule (en cage)	8	6	69
Lisier de porc	14	3,1	80
Paille (en moyenne)	80	0,7	12
Paille d'avoine	60	0,9	–
Paille de blé	127	0,4	–
Papier journal	625	0,09	5
Résidus de café	20	–	–
Résidus de crabes et homards	4,9	6,1	47
Résidus de crevettes	3,4	9,5	78
Résidus de fruits	40	1,4	80
Résidus de légumes	12	3,25	–
Résidus de cuisine variés	15	2,4	69
Résidus de poissons	3,6	10,6	76
Résidus de taille d'arbustes	53	1	15
Rognures de gazon	17	3,4	82
Sciure de bois	442	0,24	39

Tiré de On-Farm Composting Handbook *(NRAES, 1992).*
Pour d'autres données, consultez le calculateur de compost du site compostingtechnology.com.

LA TENEUR EN EAU DES MATÉRIAUX COMPOSTABLES

La teneur en eau des matériaux est une donnée importante en compostage puisque l'eau est essentielle au métabolisme et à la vie de tous les êtres vivants. Une teneur en eau optimale permet des activités microbiennes optimales. Trop peu d'eau, et les micro-organismes seront dormants. Trop d'eau, et le système manquera d'oxygène, ce qui ralentira la décomposition et entraînera des pertes par lixiviation. La quantité d'eau contenue dans les intrants est parfois établie comme l'indique le tableau 5, mais il peut être nécessaire d'évaluer cette donnée plus précisément puisqu'elle est influencée par la conservation et la manutention des intrants et par les conditions environnementales (humidité, température, vent). La teneur en eau des intrants est habituellement déterminée en laboratoire en comparant le poids d'un échantillon avant et après un séjour dans une étuve ou un four à 105 °C jusqu'à ce que son poids soit constant entre deux mesures consécutives à quelques heures d'intervalle. Selon la nature et le volume des intrants, cela peut prendre toute une nuit ou plus. Il est également possible d'évaluer cette donnée à la maison, mais avant de faire cette expérience avec des fumiers, pensez-y bien, car vous risquez de « parfumer » la maison !

Pour évaluer la teneur en eau d'un matériau, vous pourrez utiliser un four à micro-ondes ayant une intensité minimale de 600 W. Vous aurez besoin d'une balance précise graduée au gramme.

Voici comment procéder :

- Placez une assiette pouvant aller au four à micro-ondes sur la balance et ajustez celle-ci à zéro.
- Pesez approximativement 100 g de l'intrant directement dans l'assiette.
- Placez l'assiette et l'intrant dans le four à micro-ondes et chauffez-le à puissance maximale durant trois à six minutes (pour les intrants qui sont très secs tels que la sciure de bois, il est préférable de commencer à trois minutes).
- Laissez reposer l'intrant quelques minutes, en fait jusqu'à ce qu'il atteigne la température de la pièce, puis pesez-le.
- Placez à nouveau l'intrant dans le four à micro-ondes et chauffez-le à puissance maximale durant deux minutes.
- Laissez reposer l'intrant et pesez-le. Si le poids est identique à celui de l'étape précédente, le traitement au four est terminé. Autrement, vous devrez à nouveau mettre l'intrant au four à micro-ondes pour des périodes d'une minute jusqu'à ce que le poids reste stable.

Attention, il ne faut pas brûler l'intrant. Si c'est le cas, vous devrez recommencer. Demeurez à proximité et gardez l'œil ouvert pour éviter les risques d'incendie. Il est à noter que certains intrants, qui sont la plupart du temps assez secs, ne nécessitent habituellement qu'une période de six minutes.

Il est également possible de faire l'expérience dans le four de la cuisinière ou dans un four grille-pain. Toutefois, cette méthode a le désavantage d'être très longue et de nécessiter beaucoup d'énergie puisque dans ce cas, l'échantillon devra séjourner au four à 105 °C (220 °F) jusqu'à ce que le poids soit constant, c'est-à-dire souvent pendant plus de 16 heures.

CALCUL DE LA TENEUR EN EAU DE L'INTRANT (% D'HUMIDITÉ) :

Poids de l'intrant avant le traitement à la chaleur : A
Poids de l'intrant après le traitement à la chaleur : B
% d'eau = (A-B/A) × 100

Exemple :

A = 105 g, B = 66 g
% d'eau = (105 – 66/105) × 100
% d'eau = 37 %

MÉTHODE POUR OBTENIR LE RATIO C/N IDÉAL DU MÉLANGE DES INTRANTS

Dans le chapitre traitant du compostage domestique, nous avons vu que le ratio suggéré consistait à utiliser deux fois la quantité de matériaux riches en carbone pour une fois la quantité de matériaux riches en azote (ou plus couramment, deux fois de matériaux bruns pour une fois de matériaux verts). Il s'agit d'un ratio moyen qui a été établi selon des expériences antérieures et qui est tout à fait approprié pour composter des petits volumes de matériaux. Mais à partir du moment où le volume de matériaux utilisés dépasse le volume normal de matières compostables générées par une famille, il peut être utile d'établir plus précisément le ratio des matériaux utilisés.

Pour effectuer le calcul, voici les données qui vous seront utiles :

R = rapport C/N visé (habituellement = 30)

Q = masse de l'intrant (kg)

N = % en azote de l'intrant (à partir des données de laboratoire ou du tableau précédent)

C = % en carbone de l'intrant (obtenu en multipliant le rapport C/N de l'intrant par son % en azote)

H = % en eau de l'intrant (établi selon la méthode au four à micro-ondes ou selon le tableau précédent)

S = % en matière sèche de l'intrant (obtenu en soustrayant le % d'humidité de 100)

EXEMPLE DE CALCUL AVEC DEUX INTRANTS, SOIT LES RÉSIDUS DE CUISINE (INTRANT N° 1) ET LA PAILLE (INTRANT N° 2)

No de l'intrant	Matériau	C/N	% N	% C	% eau (H)	% matière sèche (S)
1	Résidus de cuisine	15	2,4 (N_1)	36 (C_1)	69 (H_1)	31 (S_1)
2	Paille	80	0,7 (N_2)	56 (C_2)	12 (H_2)	88 (S_2)

En supposant que la masse de l'intrant n° 1 est de 10 kg (Q_1 = 10 kg), on cherche la valeur de Q_2, soit la masse de l'intrant n° 2 pour obtenir le rapport C/N visé (R = 30).

Voici la résolution du calcul:

$$R = \frac{[(Q_1 \times C_1 \times S_1) + (Q_2 \times C_2 \times S_2)]}{[(Q_1 \times N_1 \times S_1) + (Q_2 \times N_2 \times S_2)]}$$

$$30 = \frac{[(10\text{ kg} \times 36\,\% \times 31\,\%) + (Q_2 \times 56\,\% \times 88\,\%)]}{[(10\text{ kg} \times 2{,}4\,\% \times 31\,\%) + (Q_2 \times 0{,}7\,\% \times 88\,\%)]}$$

$$30 = \frac{[(10\text{ kg} \times 0{,}36 \times 0{,}31) + (Q_2 \times 0{,}56 \times 0{,}88)]}{[(10\text{ kg} \times 0{,}024 \times 0{,}31) + (Q_2 \times 0{,}007 \times 0{,}88)]}$$

$$30 = [(1{,}116\text{ kg}) + (0{,}493\ Q_2)\ ]/\ [(0{,}074\text{ kg}) + (0{,}006\ Q_2)]$$

$$[(30 \times 0{,}074\text{ kg}) + (30 \times 0{,}006\ Q_2)\ ]= [(1{,}116\text{ kg}) + (0{,}493\ Q_2)]$$

$$2{,}220\text{ kg} + 0{,}180\ Q_2 = 1{,}116\text{ kg} + 0{,}493\ Q_2$$

$$2{,}220\text{ kg} - 1{,}116\text{ kg} = 0{,}493\ Q_2 - 0{,}180\ Q_2$$

$$1{,}104\text{ kg} = 0{,}313\ Q_2$$

$$3{,}527\text{ kg} = Q_2$$

En conclusion, il faudra approximativement 3,5 kg de paille pour mélanger à 10 kg de résidus de cuisine afin d'obtenir un C/N de 30.

Pour plus de commodité, la prochaine étape consiste à déterminer cette proportion en termes de volume. Pour ce faire, il s'agit d'utiliser un contenant ayant un volume déterminé (un seau de 20 litres par exemple) puis de le peser et de mettre la balance à zéro. Par la suite, on ajoute chacun des intrants à tour de rôle jusqu'au maximum de la capacité du contenant, on note le poids, puis on fait le calcul. Dans notre exemple, nous avons déterminé que le seau de résidus de cuisine pèse 20 kg et que le seau de paille pèse 2 kg. Voici comment effectuer le calcul en utilisant la règle de trois.

Si 10 kg de résidus de cuisine nécessitent 3,5 kg de paille, chaque seau de 20 kg de résidus de cuisine nécessitera 7 kg de paille. Puisqu'on a déterminé qu'un seau de paille pèse 2 kg, nous aurons besoin approximativement de 3 1/2 seaux de paille (7 kg/2 kg) pour chaque seau de résidus de cuisine.

Il est également possible d'effectuer le calcul du rapport C/N pour trois intrants. Pour ce, il existe des formules qui permettent de résoudre une équation avec deux inconnues (poids de l'intrant n° 2 et n° 3). Pour des calculs complexes, il est possible d'utiliser des calculateurs de recettes de compostage que l'on trouve sur Internet et dont certains sont gratuits.

ÉVALUATION DE LA TENEUR EN EAU DU MÉLANGE

La teneur en eau recommandée pour une masse en compostage est de 40 à 65 % et idéalement de 50 à 60 %. Lorsqu'elle est inférieure à 30 %, la décomposition s'arrête alors que lorsqu'elle est très élevée (plus de 65 %), elle favorise des conditions anaérobies engendrant par le fait même des problèmes d'odeurs.

La teneur en eau d'un mélange peut être calculée à partir de données moyennes établies pour chacun des matériaux (voir tableau 5 *Caractéristiques de différents matériaux*) ou encore évaluées à partir de la technique au four à micro-ondes.

Voici la méthode pour calculer la teneur en eau d'un mélange constitué de deux intrants.

À partir de l'exemple utilisé pour le calcul du rapport C/N, nous avons déterminé que 10 kg de résidus de cuisine devaient être mélangés avec 3,5 kg de paille pour obtenir un rapport C/N de 30. Voyons maintenant quelle sera la teneur en eau d'un tel mélange (G) à partir des teneurs en eau indiquées dans le tableau 5 et de la formule suivante :

$$G = \frac{(Q_1 \times H_1) + (Q_2 \times H_2)}{Q_1 + Q_2}$$

G : teneur en eau du mélange (%)

Q1 : masse de l'intrant n° 1 (résidus de cuisine) (kg)

Q2 : masse de l'intrant n° 2 (paille) (kg)

H1 : teneur en eau de l'intrant n° 1 (%)

H2 : teneur en eau de l'intrant n° 2 (%)

$$G = \frac{(10\ \text{kg} \times 69\,\%) + (3{,}5\ \text{kg} \times 12\,\%)}{10\text{kg} + 3{,}5\ \text{kg}}$$

$$G = \frac{(10\ \text{kg} \times 0{,}69) + (3{,}5\ \text{kg} \times 0{,}12)}{13{,}5\ \text{kg}}$$

$$G = (6{,}9\ \text{kg} + 0{,}42\ \text{kg})/13{,}5\ \text{kg}$$

$$G = 7{,}32\ \text{kg}/13{,}5\ \text{kg}$$

$$G = 0{,}54$$

$$G = 54\,\%$$

Donc, la teneur en eau du mélange de l'exemple est approximativement de 54 %, ce qui constitue une teneur adéquate, mais tout de même à la limite de la teneur maximale. Lors du mélange des intrants, il n'y aura pas lieu d'arroser.

LE PRÉCOMPOSTAGE

Le précompostage consiste à laisser les matières organiques sèches, coriaces et riches en carbone s'humidifier, s'attendrir et entamer leur processus de décomposition avant d'être intégrées au compost. Le précompostage est particulièrement bénéfique pour les copeaux de bois, la sciure de bois, la paille et même les feuilles. Attention, car le précompostage risque de faire changer le ratio C/N et le taux d'humidité, ce qui va influencer la composition de la recette. De plus, une pile de sciure ou de copeaux juste assez humides peut spontanément prendre en feu. Il n'est pas possible de précomposter des matériaux riches en azote (sauf l'hiver si ces derniers demeurent gelés), car la forte proportion d'azote entraînerait à coup sûr des problèmes d'odeurs et c'est sans compter les risques de pollution associés au lixiviat qui pourrait s'échapper d'une telle accumulation de matériaux.

LE COMPOSTAGE ET L'ÉVOLUTION DES PARAMÈTRES

Bien que les procédures diffèrent selon l'équipement utilisé, les paramètres à surveiller sont sensiblement les mêmes. Quant au suivi du compostage, il sera plus ou moins important selon l'ampleur du projet. Dans la prochaine section, nous présentons les paramètres et les stades du compostage de moyen volume effectué selon la méthode standard « en une opération » dans un composteur ou en andain.

LES PARAMÈTRES ET LES STADES DU COMPOSTAGE

En plus de l'humidité et de l'aération, paramètres décrits dans le chapitre précédent, d'autres peuvent être suivis dans le compostage de moyen et grand volume. Ce sont la température, le pH et l'activité biologique tels que représentés dans la figure 1

FIGURE 1

ACTIONS CONJUGUÉES DES PARAMÈTRES DU COMPOSTAGE (HUMIDITÉ ET AÉRATION OPTIMALES)

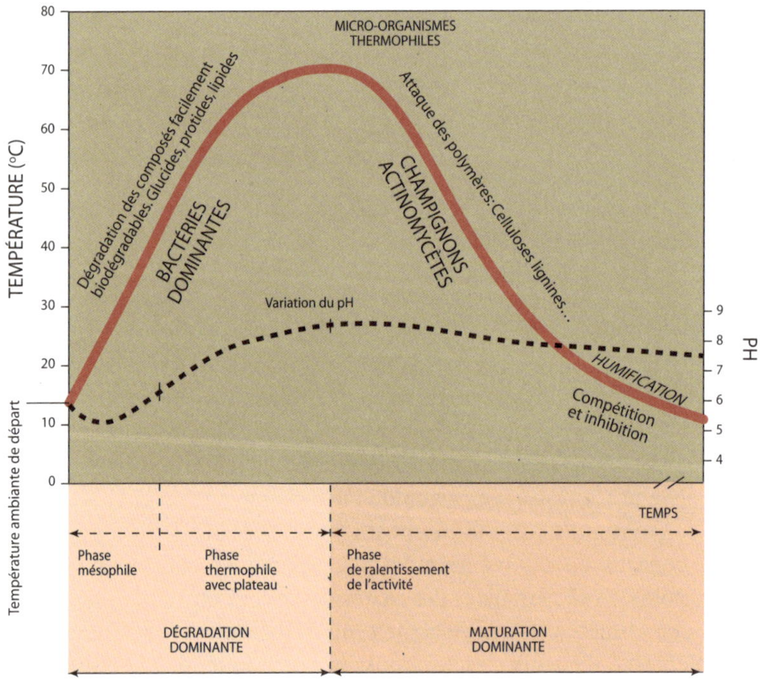

Tiré de Mustin, 1987

démontrant l'évolution de ces paramètres dans une masse en compostage qui n'a pas subi de retournement. Elle présente également les deux principaux stades de compostage que sont la dégradation et la maturation.

LE STADE DE DÉGRADATION

Déjà installées sur les fruits, des levures attendent le moment idéal pour utiliser les sucres simples. Ensuite, lorsqu'on intègre les matières organiques dans le tas, de nombreuses bactéries colonisent rapidement le substrat pour le dégrader activement. C'est le stade de la dégradation. Il est lui-même subdivisé en deux phases, la phase mésophile et la phase thermophile.

- *La phase mésophile* : lors de cette phase, les bactéries, principalement de type mésophile, s'attaquent aux composés facilement biodégradables tels que les glucides, les protides et les lipides. La température augmente graduellement jusqu'à 40 °C. Cette dégradation intense produit des acides organiques, c'est pourquoi on remarque une légère baisse du pH (parfois jusqu'à 5).
- *La phase thermophile* : à partir de 40 °C, les bactéries de type mésophile meurent progressivement pour laisser la place aux bactéries de type thermophile, car elles sont de meilleures compétitrices à ces températures élevées. La température continue d'augmenter pour atteindre un plateau entre 60 °C et 70 °C (voir encadré). Quant au pH, il augmente graduellement pour atteindre un plateau entre 7 et 8 qu'il maintiendra jusqu'à la fin du processus de compostage. Au terme de la phase thermophile, le compost est dit brut ou très jeune.

Lorsque la température atteint entre 60 °C et 70 °C, peu de micro-organismes restent actifs. Si le compost chauffe trop, ils deviennent moins efficaces, ralentissent leur activité métabolique, ce qui en retour abaisse la température du compost. De même, si leur substrat de prédilection ou l'oxygène s'épuisent, leurs activités diminueront, ce qui abaissera en retour la température de la pile. Dans ces circonstances, un bon brassage peut réactiver l'activité des micro-organismes et aider à maintenir une température élevée, à laquelle peu de pathogènes peuvent survivre.

LE STADE DE MATURATION

Le stade de maturation peut à son tour être divisé en trois phases.

- La première phase correspond à la baisse de température. Tandis que la température s'abaisse, les champignons et les actinomycètes gagnent en importance pour attaquer les composés qui sont plus difficiles à décomposer tels que la cellulose et la lignine. À la fin de cette phase, le compost est dit stable; il est encore jeune ou frais. D'ailleurs, on remarque que les matériaux les plus facilement dégradables sont méconnaissables, tandis que certains matériaux plus récalcitrants sont encore identifiables (par exemple des pelures d'avocat, des épis de maïs ou encore les veines des feuilles).
- Lors de la deuxième phase (au milieu du stade de maturation), les vers de terre et les insectes colonisent le compost. Plus la maturation avance, plus le compost devient un milieu habitable pour la mésofaune. On voit grouiller dans la pile des insectes et des vers de terre qui se tenaient en périphérie lorsque les températures ou le pH étaient moins accueillants. On reconnaît encore quelques matériaux.
- Enfin, la dernière phase est celle d'humification intense. À la fin du processus de maturation, il ne se passe plus beaucoup d'autres transformations chimiques si ce n'est que quelques réactions d'humification (transformation en humus) qui se déroulent très lentement. À ce stade, il reste peu d'aliments et les colonies de micro-organismes sont moins abondantes (quoique diverses), ce qui attire moins des animaux comme les vers. Le compost est alors dit mature (mûr) et revêt son apparence caractéristique brune et grumeleuse.

LE SUIVI DU PROCESSUS DU « COMPOSTAGE À CHAUD »

En supposant que le rapport carbone/azote ainsi que l'humidité et l'aération soient optimaux, que vous ayez un volume minimal d'un mètre cube et que vous avez opté pour la méthode de compostage en une opération, vous devriez être en mesure d'observer une augmentation de la température dans les heures qui suivront le montage du tas. Pour ce, munissez-vous d'un thermomètre à compost. Celui-ci doit être gradué au moins jusqu'à 90 °C et suffisamment long pour que son extrémité atteigne le centre du tas. L'objectif est d'obtenir une température de 60 °C durant au moins quatre jours. Il s'agit de la température critique où la plupart des bactéries et des champignons pathogènes (responsables des maladies) de même que les graines de plantes adventices sont détruits.

Le thermomètre utilisé doit être gradué au moins jusqu'à 90 °C, il doit être suffisamment long pour que son extrémité atteigne le centre du tas.

Attention, dans des grosses piles ou des systèmes fermés bien isolés, il peut parfois y avoir une élévation de température très importante, dépassant même 80 °C. Cette élévation n'est pas souhaitable, car elle tue autant les pathogènes que les micro-organismes utiles. De plus, elle sera probablement suivie d'une chute draconienne de température parce que l'abondance des organismes décomposeurs sera réduite. Ensuite, il y aura une longue ascension vers les températures recherchées pour l'hygiénisation du compost. En général, on veut donc que le compost chauffe bien, mais il n'est pas souhaitable de rechercher la plus haute température possible. Dans certaines circonstances particulières (matières riches en carbone, chaleur intense et humidité ni trop haute ni trop faible), il peut y avoir combustion spontanée. C'est là un problème typique à surveiller dans des exploitations industrielles, comme des scieries qui ont de grosses piles de sciure, mais c'est heureusement peu commun dans les opérations de compostage de moyen volume.

Une fois que la température a atteint un certain plateau (habituellement entre 60 °C et 70 °C), elle peut rester stable durant 10 et même 14 jours. Lorsqu'elle commence à descendre, c'est le temps d'effectuer le premier retournement puisque les bactéries thermophiles sont encore actives. Ainsi, la dégradation des composés facilement décomposables encore présents redémarre et provoque une nouvelle

LA MÉTHODE JEAN PAIN POUR RÉCUPÉRER LA CHALEUR DU COMPOST

La méthode Jean Pain est un système ingénieux élaboré à la fin des années 1960 par Jean Pain, un autodidacte français. Ce dernier a mis au point une méthode qui lui permettait de récupérer la chaleur produite par la décomposition d'un tas de broussailles.

Cette méthode, quoique toujours marginale, a inspiré quelques projets depuis. De fait, grâce à un système de tuyauterie installé sous le compost, il est possible de récupérer la chaleur pour chauffer une serre, un autre bâtiment ou même l'eau pour les usages de la maison.

augmentation de température qui sera tout de même moins élevée que la première. En même temps que le retournement, il est habituellement utile d'humidifier le tas pour compenser les pertes d'eau par évaporation qui ont été provoquées par l'élévation de la température.

En plus d'être utiles pour introduire de l'air dans le compost et de la sorte, relancer la décomposition aérobie, les retournements servent à mélanger et à décompacter les matériaux ainsi qu'à détruire les graines et les pathogènes situés en périphérie.

Par la suite, la fréquence des retournements sera ajustée en fonction de la teneur en eau, de la porosité des matériaux et de la durée de compostage désirée. Les retournements fréquents accélèrent le processus de compostage; par contre, ils peuvent provoquer des pertes d'azote. Dans les meilleures conditions, deux ou trois retournements sont suffisants pour obtenir un compost mûr après trois à six mois, lorsque la température est clémente.

CHAPITRE 5

LE VERMICOMPOSTAGE :

COMPOSTER DANS LA MAISON

Le vermicompostage, aussi appelé lombricompostage (lombric : famille des vers) est une méthode qui permet de valoriser les résidus organiques provenant de la cuisine à l'aide de petits vers rouges, et ce, à l'intérieur, douze mois par année (voir encadré). Le résultat que l'on nomme parfois le vermicompost (ou le lombricompost) est en réalité des déjections ou du fumier de vers de terre.

Tout comme les autres méthodes de compostage, il s'agit d'un processus de dégradation contrôlé de la matière organique en milieu aérobie. Mais dans ce cas, les vers jouent un rôle clé tout en étant étroitement associés aux micro-organismes. D'ailleurs, dans un vermicompost, on trouve généralement une plus grande variété de micro-organismes décomposeurs que dans les composts qui chauffent. Dans le vermicompostage, les micro-organismes dégradent la matière organique, alors que les vers consomment à la fois la matière organique et les micro-organismes.

POURQUOI PRATIQUER LE VERMICOMPOSTAGE ?

Le vermicompostage est une avenue intéressante pour ceux qui vivent en multilogements et qui ont le souci de diminuer le volume de leurs ordures alors qu'ils n'ont aucune autre possibilité de valoriser leurs matières organiques. Malgré ce que certains

LE VERMICOMPOSTAGE DANS LA MAISON... OU À L'EXTÉRIEUR

Bien que le vermicompostage puisse se pratiquer à l'extérieur lorsque les conditions climatiques sont très clémentes, il ne serait pas sage de s'adonner au vermicompostage à l'extérieur sous des climats nordiques. En effet, les vers qui sont utilisés pour le vermicompostage sont plutôt « frileux ». Ainsi, ils risquent de ne pas survivre lorsque les températures descendent sous la barre du zéro Celsius, surtout lorsque le volume est réduit comme c'est le cas pour le vermicompostage domestique.

pourraient croire, le vermicompostage à l'intérieur ne génère pas d'odeur désagréable lorsqu'il est géré correctement. D'ailleurs, une fois que la présence des vers est acceptée dans la maison (certains ne pourront jamais s'y faire...) et que les bases du vermicompostage sont maîtrisées, on réalise que les vers sont des petits animaux de compagnie agréables. Ils sont tranquilles et demandent beaucoup moins de soins qu'un chien ou un chat. Pas de poils, pas de bruits, pas de dégâts et la possibilité de prendre des vacances sans avoir à se soucier de ses petites bêtes. Et de surcroît, ils travaillent pour nous.

Le vermicompostage peut aussi être très utile en tant qu'outil concret de sensibilisation à l'environnement dans les écoles, les garderies et même dans les milieux de travail. Les jeunes enfants (et ceux qui ont un cœur d'enfant) sont particulièrement réceptifs, car ils sont fascinés par le travail des vers.

Ceux qui pratiquent le compostage domestique à l'extérieur pourront trouver dans le vermicompostage une pratique complémentaire attrayante, car elle permet de produire un engrais naturel de très grande qualité et, de surcroît, très utile pour les plantes. Je pratique le vermicompostage depuis une vingtaine d'années et j'ai eu l'occasion d'observer l'effet spectaculaire de l'utilisation du vermicompost sur mes plantes d'intérieur et mes semis. Je ne pourrais plus m'en passer.

Toutefois, le vermicompostage demeure limité en ce qui concerne le volume de matière organique à transformer. Il peut convenir pour valoriser les résidus de cuisine d'une ou de deux personnes, mais le vermicompostage est moins adapté que le compostage domestique lorsqu'il s'agit de valoriser tous les résidus de cuisine d'une famille.

DIFFÉRENCE ENTRE VERMICOMPOSTAGE ET VERMICULTURE

Le vermicompostage est une méthode qui utilise les vers dans le but de valoriser la matière organique pour la transformer en un engrais de grande qualité.

La vermiculture (ou lombriculture) est l'élevage des vers de terre. L'objectif est l'accroissement du nombre de vers dans le but de partager ou de vendre ces derniers.

LE MATÉRIEL POUR VERMICOMPOSTEUR

Vous aurez absolument besoin :

- de vers à compost (*Eisenia foetida*);
- d'un vermicomposteur (lombricomposteur), soit un simple bac de plastique ou de bois, soit un vermicomposteur à étages. Dans les deux cas, il peut être de fabrication commerciale ou artisanale;
- de litière constituée de matériaux riches en carbone (matériaux bruns);
- de résidus de cuisine riches en azote (matériaux verts).

Certains petits articles sont également utiles :

- un contenant de plastique d'une capacité approximative d'un litre pour recueillir les résidus de cuisine, le verminourricier;
- une petite binette à dents (ou une grosse cuillère) qui sera utile lorsque vous alimenterez les vers;
- un carnet qui servira de journal de bord pour noter la plupart des interventions que vous ferez (ex. : date, volume, type de nourriture, etc.).

Enfin, d'autres objets demeurent facultatifs :

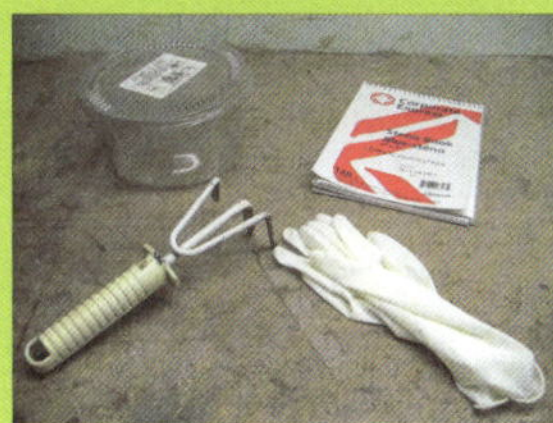

- une balance de cuisine;
- une paire de gants (gants de latex ou gants de jardinier minces) pour effectuer la récolte de lombricompost;
- une déchiqueteuse de bureau.

LES LOMBRICS : UN MONDE FASCINANT !

Si, comme moi, vous jardinez, vous savez sans doute que les vers sont nos meilleurs alliés. Ils digèrent continuellement la terre, jouent un rôle mécanique en mélangeant les constituants du sol et creusent des galeries, ce qui augmente la porosité, favorise le drainage et le développement des racines. Bref, ils sont indispensables dans un jardin écologique.

La fascination pour les vers ne date pas d'hier. Déjà dans l'Antiquité, Aristote surnommait les vers de terre « les intestins de la terre » en raison du fait qu'ils vivent et se déplacent dans la terre tout en la « digérant ». À la fin du 19e siècle, alors que plusieurs scientifiques croyaient que les vers étaient nuisibles, Darwin publiait *Le rôle des vers de terre dans la formation de la terre végétale*[1] qui évoquait l'importance des vers de terre sur la qualité des sols.

Les vers font partie de la famille des lombrics. Celle-ci regroupe environ une quinzaine d'espèces de vers au Québec. Fait surprenant, aucune de ces espèces n'est indigène. En fait, tous les lombrics auraient été exterminés par les calottes glaciaires il y a 15 000 ans. Les vers qu'on trouve aujourd'hui sont, pour la plupart, d'origine européenne. Les premiers colons les auraient transportés par inadvertance avec les plantes ou dans la terre qu'ils utilisaient comme lest des bateaux.

L'espèce la plus connue est le ver de terre *Lumbricus terrestris*, mais celle qui est utilisée habituellement dans le vermicompostage est *Eisenia fœtida*. On l'appelle aussi le ver de compost, le ver de fumier ou le ver rouge. Une autre espèce *Eisenia andrei* est plus rarement employée dans le vermicompostage.

Le ver rouge *Eisenia foetidea.*

Le ver de terre *Lumbricus terrestris.*

LES CARACTÉRISTIQUES ANATOMIQUES DE LA FAMILLE DES LOMBRICS

Le corps des lombrics est constitué d'un nombre variable de segments selon l'espèce. Ces derniers, situés l'un derrière l'autre, se nomment métamères et sont traversés par un système digestif composé d'une bouche, d'un intestin et d'un anus. Les lombrics

1. Charles Darwin, *Le rôle des vers de terre dans la formation de la terre végétale*, C. Reinwald, Paris, 1882.

n'ont pas d'yeux ni d'antennes, mais ils possèdent des cellules nerveuses sensibles à la lumière et au toucher. Les vers possèdent parfois une bande visqueuse pâle, située au tiers antérieur du corps, qu'on appelle le clitellum. Sa présence est un indice de maturité sexuelle. Dans le tableau 6, vous trouverez quelques caractéristiques comparées pour les deux espèces de lombrics les plus communes, soit le ver de terre et le ver rouge.

FIGURE 2

L'ANATOMIE DU LOMBRIC

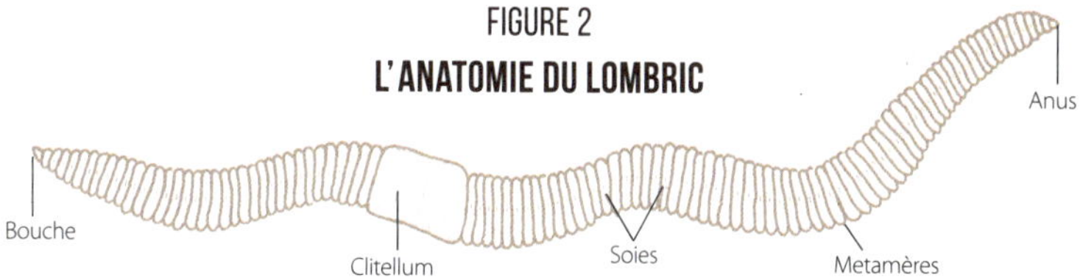

Le clitellum est un indice de maturité sexuelle.

TABLEAU 6

COMPARAISON DES CARACTÉRISTIQUES ANATOMIQUES DU VER DE TERRE ET DU VER ROUGE

Caractéristiques	Ver de terre *Lumbricus terrestris*	Ver rouge *Eisenia fœtida*
Couleur	Brunâtre à grisâtre	Rougeâtre avec des anneaux clairs (jaunes)
Nombre de métamères (segments)	De 108 à 180	De 80 à 120
Longueur	De 130 à 250 mm	De 50 à 120 mm
Poids	De 5 à 15 g	De 0,2 à 0,6 g

LA REPRODUCTION CHEZ LES LOMBRICS

Les lombrics sont hermaphrodites, c'est-à-dire qu'un même individu possède les organes mâles et les organes femelles. Cependant, un ver ne peut pas s'autoféconder, c'est pourquoi deux individus doivent se rencontrer. Les organes mâles sont situés sur les 10e et 11e segments alors que le 13e segment porte l'ovaire. Lors de l'accouplement, les deux individus s'accolent tête-bêche au niveau du clitellum de l'un et de la région génitale de l'autre. Ils échangent du sperme qui sera emmagasiné dans les spermathèques du conjoint.

Dans les jours suivants, chaque ver fabrique un cocon au niveau du clitellum. Le cocon glisse vers la partie antérieure du ver et recueille les œufs émis par les organes génitaux femelles et les spermatozoïdes du conjoint pour finalement se dégager au niveau du prostomium (tête). La fécondation est externe.

FIGURE 3

LES ORGANES REPRODUCTEURS DU LOMBRIC

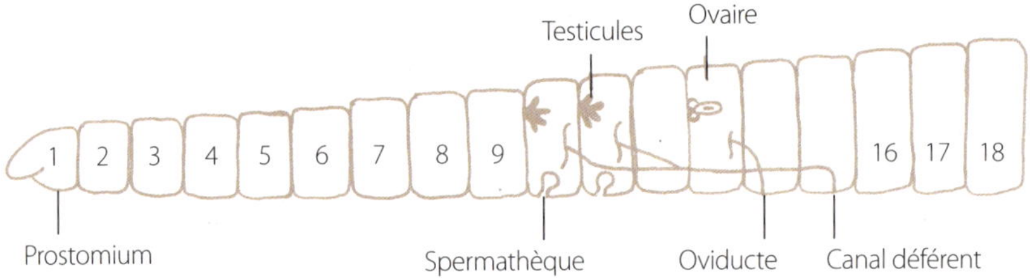

Le cocon de couleur plus ou moins caramel renferme jusqu'à une vingtaine d'œufs, mais seulement un à dix petits vers en sortiront après trois semaines. Les caractéristiques liées à la reproduction diffèrent d'une espèce à l'autre comme vous le constaterez dans le tableau 7.

TABLEAU 7

COMPARAISON DES CARACTÉRISTIQUES LIÉES À LA REPRODUCTION DU VER DE TERRE ET DU VER ROUGE

Caractéristiques	Ver de terre *Lumbricus terrestris*	Ver rouge *Eisenia fœtida*
Grosseur du cocon	De 4,5 à 6 mm	4 mm + ou -
Nombre de vers par cocon	1 à 2	1 à 10
Nombre de générations par année	1	4
Maturité sexuelle	Entre 6 et 12 mois	52 jours à 25 °C
Nombre de descendants/année	2 à 3	30 à 40
Longévité des vers	4 à 8 ans	4 à 5 ans

D'AUTRES INFORMATIONS D'INTÉRÊT CONCERNANT LES LOMBRICS

- Ils ne possèdent pas de dents, mais de très forts muscles maxillaires et un gésier.
- Ils ont besoin d'un environnement assez humide puisque leur respiration est cutanée. Leur muqueuse doit rester humide pour permettre les échanges gazeux avec l'environnement.

- Les vers évitent la lumière, le bruit, les vibrations.
- Ils sont très sensibles à la plupart des pesticides.
- Ils améliorent la structure et la fertilité des sols, mais en plus, ils diminuent l'acidification du sol et produisent des lipoprotéines qui ont des propriétés bactéricides.
- Ils produisent des déjections appelées turricules ou tortillons observés à la surface du sol.
- Ils sont davantage protégés des prédateurs du fait qu'ils ont souvent une couleur semblable à leur milieu (homochromie).
- Ils constituent une nourriture de choix pour les humains dans certains pays. D'ailleurs, la viande de ver est plus riche en protéines que le bœuf et le poisson.

UNE FAUSSE CROYANCE : COUPER UN VER POUR EN GÉNÉRER DEUX

Il est faux de croire que lorsqu'on coupe un ver, il s'en forme deux. En réalité, si l'on coupe un ver, il peut régénérer sa partie postérieure, à la condition qu'on le coupe à un endroit spécifique qui est variable selon les espèces. En aucun cas, on ne pourra se retrouver avec deux vers. Bref, il n'y a aucune raison pour couper un ver. Au contraire, mieux vaut les protéger.

LE VER ROUGE, CHAMPION DU VERMICOMPOSTAGE

Le ver rouge *Eisenia fœtida* possède des caractéristiques qui en font un des vers les mieux adaptés au vermicompostage. En effet, si on le compare au ver de terre, on découvre que le ver rouge

– est davantage un éboueur qu'un laboureur, alors que c'est l'inverse pour son cousin. Le ver rouge est particulièrement performant pour décomposer rapidement la matière organique. Dans des conditions idéales, il peut manger l'équivalent de son poids par jour. En condition naturelle, il loge dans les premiers centimètres du sol (20 à 30 cm) ou encore dans les tas de fumier ou les gros tas de compost. Pour cette raison, on dit que c'est un ver de type épigé. Quant au ver de terre de type anécique, il a la capacité de creuser des galeries et d'habiter les couches profondes du sol (jusqu'à un mètre);

- est bien adapté à l'élevage en groupe puisque chaque individu requiert très peu d'espace, soit 15 à 30 cm^3 par ver. Comparativement, un seul ver de terre requiert un espace de 1 500 cm^3. Dans un vermicomposteur de dimension moyenne, il est possible d'élever de 1 000 à 2 000 vers rouges, alors que seulement une vingtaine de vers de terre pourraient y loger;
- apprécie les températures chaudes de nos maisons. En fait, la température préférée du ver rouge se situe autour de 20 °C, soit une chaleur moins appropriée pour le ver de terre qui a plutôt un faible pour des températures près de 10 °C.

Cependant, s'il est le champion du vermicompostage, le ver rouge ne fait pas le bonheur des pêcheurs qui lui préféreront le ver de terre. En effet, parce qu'il est petit, le ver rouge n'est pas facile à appâter. De plus, il semble que les poissons n'apprécient pas son goût.

OÙ ET COMMENT SE PROCURER DES VERS ROUGES ?

Pour entreprendre cette belle aventure qu'est le vermicompostage, vous devrez bien entendu vous procurer des vers rouges. Pour ce, vous pourrez choisir l'une ou l'autre de ces options :

- Acheter des vers auprès des fournisseurs spécialisés dans le domaine (voir la section « Ressources » sur le site Internet de l'auteure : lilimichaud.com). Certains fournisseurs offrent également des systèmes de vermicompostage complets. Les vers sont habituellement vendus en 200 ou 450 g avec des quantités respectives de 500 et 1 000 vers ayant différents stades de croissance. Pour un vermicomposteur de dimension moyenne tel que décrit plus loin, 450 g sera nécessaire.
- Demander à un ami qui fait déjà du vermicompostage qu'il vous fasse don d'une poignée de vers lorsque sa colonie sera suffisamment grande et en santé.
- Prélever des vers rouges dans un tas de fumier (le seul endroit où les vers rouges peuvent survivre aux hivers arides), si vous êtes parmi les plus intrépides. Si c'est votre cas, sachez que ce prélèvement comporte des inconvénients. En effet, vous risquez ainsi d'introduire des éléments indésirables (insectes nuisibles, micro-organismes pathogènes) dans votre système de vermicompostage, et c'est sans compter les désagréments d'une telle aventure. Si malgré tout, vous voulez tenter l'expérience, mettez toutes les chances de votre côté en procédant de la façon suivante. Placez les vers dans un bac contenant du papier humide (papier journal ou papier essuie-tout) et laissez-les se purger de leur contenu intestinal durant

une journée. Puis, lavez-les à l'eau non chlorée (laissez l'eau potable s'évaporer quelques heures avant de l'utiliser) et déposez-les sur du papier humide propre. Si vous souhaitez poursuivre cette purge quelques jours avant de les introduire dans leur nouvel habitat (pour maximiser vos chances), il faudra alimenter vos vers. Retenez que ce « traitement » n'est pas infaillible et qu'il demande beaucoup de manipulations qui peuvent être stressantes pour les vers.

LE VERMICOMPOSTEUR

Le vermicomposteur (ou lombricomposteur) est le contenant dans lequel les petits vers rouges seront élevés. L'objectif est de leur offrir un environnement idéal afin qu'ils travaillent efficacement.

On trouve différents modèles de vermicomposteurs sur le marché, mais pour quelques dollars, il est simple de fabriquer un vermicomposteur très performant. Les vermicomposteurs sont la plupart du temps en plastique, parfois en bois. Les plus simples sont constitués d'un seul bac. Mais, il est également possible d'acheter ou de fabriquer un vermicomposteur à étages (avec plusieurs bacs superposés). À plus grande échelle (en serre par exemple), le vermicompostage peut se faire sur des tables profondes.

LES VERMICOMPOSTEURS COMMERCIAUX

Les vermicomposteurs commerciaux peuvent prendre différentes formes, mais le vermicomposteur simple est le plus commun. Il s'agit d'un bac de plastique d'une capacité variant de 30 à 70 litres muni d'un couvercle percé de quelques trous, de même qu'un fond également percé et couvert d'une membrane synthétique. Il peut ou non comporter des pieds et un plateau pour recueillir le liquide qui pourrait s'égoutter du vermicompost.

Les vermicomposteurs à étages qui sont populaires en Europe (surtout quand le vermicompostage peut être fait à l'extérieur) ont autant de désavantages que d'avantages lorsque le vermicompost est fait à l'intérieur douze mois par année. Dans ce type de vermicomposteurs, les vers se déplacent d'un bac à l'autre (ces derniers sont percés) à la recherche de nourriture fraîche, ce qui permet de transformer de plus grandes quantités de matières organiques que les composteurs simples. De plus, la récolte est facilitée et il est possible de recueillir facilement le jus de vermicompost, très utile comme fertilisant d'appoint pour les plantes. Mais les vermicomposteurs à étages sont plus dispendieux et la façon dont on les gère est davantage risquée quant à l'envahissement des petites mouches.

Un vermicomposteur commercial simple.

Un vermicomposteur commercial à étages.

Les vermicomposteurs commerciaux sont habituellement vendus en kit incluant la plupart du temps les vers et la litière.

LES VERMICOMPOSTEURS ARTISANAUX

Il existe différents modèles de vermicomposteurs artisanaux. Ces derniers peuvent être simples ou à étages. On les fabrique idéalement à partir de bacs de plastique neufs ou usagés. Certains choisissent de les fabriquer en bois, mais ces vermicomposteurs ont le désavantage de se décomposer. De plus, le lixiviat risque de s'échapper puisqu'un tel vermicomposteur est rarement étanche. D'autres optent pour recycler les petites glacières de poissonnerie en polystyrène. Le problème, c'est que le polystyrène finit aussi par se décomposer sous l'effet de l'acidité du lixiviat et se dégrade en styrène un composé toxique. Le modèle que je préfère et que j'utilise depuis une vingtaine d'années est un vermicomposteur simple en plastique. Sa fabrication et son utilisation sont aisées comme vous pourrez le constater dans la prochaine section.

LA FABRICATION D'UN VERMICOMPOSTEUR ARTISANAL

Pour fabriquer un vermicomposteur de dimension moyenne, vous aurez besoin du matériel et de l'équipement suivant:

- un bac de plastique foncé et opaque dont les dimensions se rapprochent de celles-ci: longueur = 60 cm, largeur = 40 cm, hauteur = 20 à 30 cm;
- un plateau du type plateau à bottes en plastique ou un plateau en aluminium utilisé dans le bas du four de la cuisinière;

- un géotextile mince de type couvre-parterre de la dimension du fond de la boîte ou tout autre tissu synthétique mince et non coloré. Évitez l'usage de moustiquaires, car les petits vers qui passent au travers peuvent rester coincés;
- quatre petits blocs de bois ou des bouchons de liège coupés en deux dans le sens de la longueur;
- une perceuse.

Le matériel pour fabriquer un vermicomposteur.

Voici comment procéder :

- Au moins deux jours avant le montage, nettoyez adéquatement le bac au savon, rincez-le et faites-le sécher à l'air libre.
- À l'aide de la perceuse, percez le couvercle d'une vingtaine de petits trous ayant un diamètre de 0,5 cm répartis uniformément (1).
- Pratiquez quatre à six ouvertures ayant un diamètre de 1 cm dans le fond du bac (encadré) (2).
- Placez le tissu dans le fond du bac (3).
- Déposez le vermicomposteur sur les petits blocs de bois qui sont eux-mêmes placés dans le plateau à bottes.

Votre vermicomposteur est maintenant prêt à recevoir la litière et les vers (4).

1

2

3

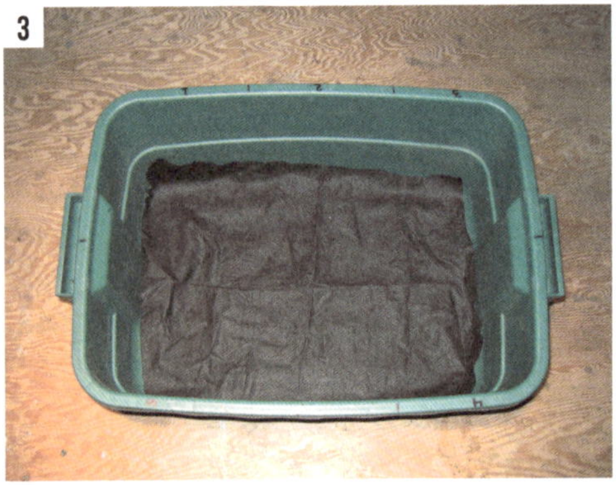

4

DES STRATÉGIES POUR RECUEILLIR LE LIXIVIAT

Les ouvertures au fond du bac serviront à évacuer le surplus de lixiviat. Vous pourrez recueillir ce dernier périodiquement dans le plateau pour fertiliser vos plantes.

Une autre alternative consiste à percer un seul trou au bas d'un des côtés dans le but d'y placer un petit robinet.

OÙ PLACER LE VERMICOMPOSTEUR ?

Le vermicomposteur peut être placé dans toutes les pièces de la maison à condition que celles-ci soient chauffées durant la période hivernale. Choisissez de préférence un endroit tranquille. Cela peut être une grande armoire, le dessous d'une table ou d'un bureau (si vous ne craignez pas les mauvais rêves, même le dessous d'un lit peut faire l'affaire). Évitez de placer votre vermicomposteur dans un endroit où il sera soumis à des vibrations tel que le dessus de la sécheuse ou à d'importantes variations de température, par exemple près d'une fenêtre ou d'une source de chaleur.

LA LITIÈRE

Avant d'accueillir vos petits protégés, il vous faudra préparer une litière. Celle-ci doit être principalement constituée de matériaux riches en carbone. Ces derniers sont indispensables pour équilibrer les apports de matériaux riches en azote que constituent les résidus de cuisine. Bien que différents matériaux provenant de l'extérieur tels que des feuilles et de la tourbe de sphaigne soient parfois recommandés, je préfère les éviter afin de ne pas introduire d'éléments nuisibles (insectes ravageurs ou maladies). Je privilégie plutôt des matériaux qui sont disponibles dans la maison tels que le papier journal, les sacs de papier bruns, les boîtes d'œufs en carton, les rouleaux de papier de toilette vides ou tout autre carton à condition qu'il ne soit pas ciré ou imprimé à l'encre de couleur sur une grande surface.

Voici le matériel et l'équipement dont vous aurez besoin pour préparer une litière pour un composteur de dimension moyenne :

- 18 litres de papier journal déchiqueté ou de litière du commerce. Il s'agit de la principale source de carbone. Si vous utilisez du papier journal, vous devrez dans un premier temps écarter toutes les feuilles qui sont presque totalement imprimées en couleur (mais quelques titres de couleur seront acceptables). Par la suite, vous pourrez déchiqueter les feuilles sélectionnées à l'aide d'une déchiqueteuse de bureau ou les déchirer à la main en tentant d'obtenir de très petites lisières de papier. Essayez l'opération dans les deux sens du papier, vous découvrirez que c'est plus facile dans un sens. Certains commerces spécialisés dans la pêche vendent également de la litière pour les vers. Si tel est votre choix, sachez que vous n'avez pas de contrôle sur la provenance de ce produit.

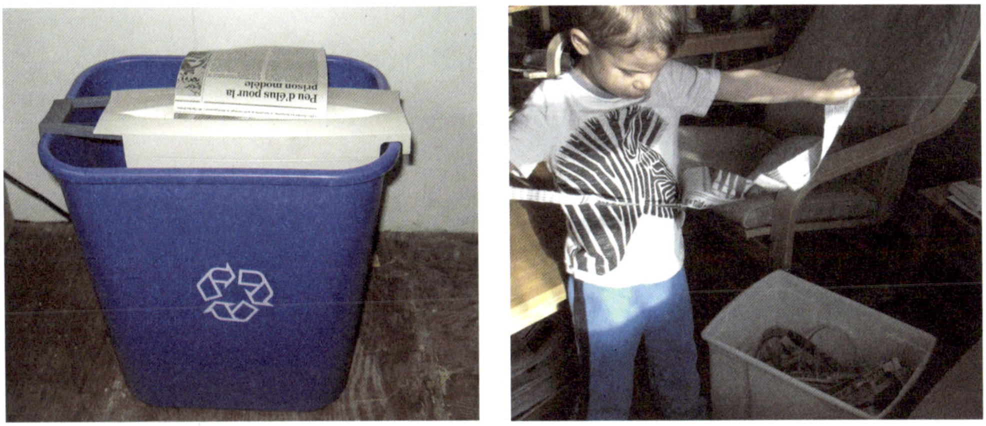

Après les avoir sélectionnées, passez les bandes de papier journal à la déchiqueteuse ou déchirez-les en bandelettes. C'est le bon moment de faire participer les enfants.

- 0,5 à 1 litre de sable. Les vers, tout comme les poules, ont besoin de sable pour faciliter leur digestion. Procurez-vous du sable horticole lavé, vendu dans les jardineries ou les quincailleries, et assurez-vous qu'il ne contient pas de sel. Si vous désirez utiliser du sable qui provient de l'extérieur, vous devrez lui faire subir un traitement à la chaleur. Pour ce, mettez le sable dans une lèchefrite, humectez-le légèrement et placez le tout au four à 200 °F (95 °C) durant une heure.
- 1 à 2 litres d'eau. L'eau choisie ne doit pas contenir des composés qui pourraient être toxiques pour les vers. Si votre eau provient d'un puits, elle sera convenable, mais si elle provient du réseau municipal, il y a de fortes chances qu'elle soit traitée au chlore (et même parfois au fluor), ce qui serait nuisible aux vers. Dans ce cas, vous devrez laisser reposer l'eau dans un contenant ouvert durant 48 heures avant de vous en servir.
- un grand contenant, tel un seau de plastique de 20 litres, pour faire le mélange. Une poubelle propre fera l'affaire.

Pour effectuer le mélange des trois ingrédients, placez d'abord le papier journal déchiqueté dans le contenant, puis ajoutez l'eau progressivement jusqu'à ce que le papier soit totalement humide, mais non détrempé. Enfin, ajoutez le sable en mélangeant le tout à la main.

Voilà, vous êtes maintenant prêts à accueillir vos petits protégés. Une fois la litière placée au fond de votre vermicomposteur (1), il ne vous restera qu'à déposer délicatement les vers (idéalement 450 g) sur la litière dans un coin du vermicomposteur (2) et à laisser le couvercle ouvert jusqu'à ce que les vers se soient réfugiés dans la litière (3). Finalement, fermez le couvercle et laissez les vers s'adapter à leur milieu. Après deux ou trois jours, vous pourrez commencer à les alimenter.

L'ALIMENTATION DES VERS

En théorie, les vers mangent (incluant la litière) l'équivalent de leur poids quotidiennement. C'est donc dire qu'avec 500 g de vers, on devrait s'attendre à ce qu'ils consomment 500 g de résidus et de litière par jour. En pratique, c'est souvent beaucoup moins. En fait, il est plus réaliste de penser qu'il sera possible de valoriser entre 500 g et 1 kg de résidus de cuisine par semaine. Voici les facteurs qui peuvent ralentir le travail des vers :

- un environnement non adapté à leurs besoins (voir tableau 8 *Les conditions idéales pour les vers rouges*);
- des résidus grossiers;
- des agents stressants tels que les bruits (attention à la musique forte), les vibrations (ne mettez pas votre vermicomposteur sur la sécheuse), la lumière et les manipulations fréquentes (laissez-les tranquilles, quoi !).

TABLEAU 8

LES CONDITIONS IDÉALES POUR LES VERS ROUGES

	Optimum	Tolérance
Température	20 °C 15 à 25 °C	7 à 30 °C Limite extrême : 0,5 à 35 °C
Humidité	75 à 85 %	70 à 90 % (jusqu'à l'immersion)
pH	6,5 à 8	4,5 (minimum)

Tiré de Dumas, 1996

Il est important de ne pas suralimenter les vers, car si ceux-ci ne suffisent pas à la tâche, votre vermicomposteur aura tôt fait de se transformer en une poubelle nauséabonde. De plus, les matières risquent de chauffer, ce qui pourrait nuire à vos vers. D'ailleurs, vous avez avantage à procéder méthodiquement tel qu'expliqué dans les étapes suivantes.

PREMIÈRE ÉTAPE

Partagez votre vermicomposteur en quatre ou six sections virtuelles dont les numéros (1 à 4 ou 1 à 6) se succéderont dans le sens des aiguilles d'une montre comme l'indique le schéma. Vous devrez ensuite inscrire les numéros sur les rebords du bac et du couvercle. À ce stade, l'ajout d'un tapis d'humidification est facultatif (voir encadré). Toutefois, cette pratique est intéressante si un vermicomposteur à étages est utilisé.

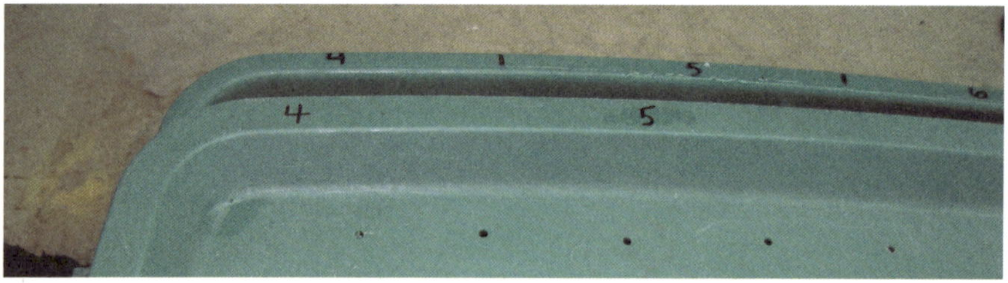

Inscrivez les numéros sur les rebords du bac et du couvercle.

LE TAPIS D'HUMIDIFICATION

Le tapis d'humidification a plusieurs fonctions. Il recrée les conditions naturelles auxquelles les vers sont habitués, tout comme le font la couverture de feuilles en forêt et le paillis au jardin. Entre autres, il permet de conserver l'humidité tout en assurant une certaine aération. De plus, il limite les problèmes d'envahissement par les petites mouches (drosophiles ou sciarides), un problème courant lorsqu'un vermicomposteur à étages est utilisé.

Le tapis d'aération doit épouser la forme de l'intérieur du vermicomposteur et être placé directement sur les aliments et la litière. Il peut être constitué de carton, de 3 à 4 feuilles de papier journal ou de tissus de fibre naturelle non colorés (jute ou vieux tee-shirt). Puisqu'il s'agit de matériaux organiques, le tapis se décomposera plus ou moins rapidement, c'est pourquoi il devra être remplacé au besoin. Il n'est pas nécessaire d'humidifier le tapis puisqu'il s'humidifiera naturellement au contact des aliments.

DEUXIÈME ÉTAPE

Sélectionnez les aliments qui sont appropriés et rejetez ceux qui sont à éviter (voir encadré). Tout comme dans le compostage domestique, il faut éviter certains matériaux, tels que la viande, qui pourraient occasionner des problèmes d'odeurs. De plus, il n'est pas souhaitable d'utiliser des matériaux qui proviennent de l'extérieur (feuilles d'arbres, résidus de jardins, etc.), puisque vous risqueriez d'introduire dans la maison des éléments indésirables tels que des insectes nuisibles. Pour plus de détails sur les matériaux à utiliser ou non selon les différentes techniques de compostage, consultez le chapitre 2 *Les matériaux compostables*.

LES ALIMENTS PRÉFÉRÉS DES VERS

- Les pelures de la plupart des fruits et des légumes, de même que les fruits et légumes abîmés (limitez les agrumes, l'ail et l'oignon)
- Le marc de café, de même que le filtre (utilisez de préférence des filtres non blanchis)
- Les sachets et les résidus de thés et de tisanes
- Les céréales, les pâtes alimentaires et les légumineuses
- Les coquilles d'œufs finement broyées
- Les résidus de plantes d'intérieur

LES ALIMENTS À ÉCARTER

(pour éviter les problèmes liés aux odeurs, aux pathogènes, etc.)

- Les viandes
- Les poissons
- Les os
- Les produits laitiers
- Les produits gras et huileux
- Les produits vinaigrés
- Les produits salés
- Les végétaux qui proviennent de l'extérieur

TROISIÈME ÉTAPE

S'ils ne sont pas déjà très fins (comme c'est le cas pour les pelures de carottes, par exemple), coupez ou hachez les aliments de sorte qu'ils ne soient pas plus gros que 2 cm. Pour ce, un bon couteau fera l'affaire. Mais si vous avez le temps et le goût, vous pourrez choyer vos vers en broyant les aliments à l'aide d'un mélangeur ou d'un robot culinaire (au besoin, ajoutez un peu d'eau). À l'opposé, si vous ne désirez pas couper vos aliments, sachez qu'ils prendront plus de temps à se dégrader, ce qui pourrait augmenter les risques d'odeurs.

QUATRIÈME ÉTAPE

Placez les aliments préparés dans un petit contenant de plastique ou de verre (le verminourricier).

Conservez les coquilles d'œufs séparément. Vous pourrez ultérieurement les broyer finement pour les utiliser dans votre vermicomposteur. Pour savoir comment entreposer et broyer les coquilles d'œufs, consultez les pages 72 et 73 du chapitre 3.

CINQUIÈME ÉTAPE

Videz le contenu du verminourricier de la façon suivante. Soulevez la litière de la section n° 1 et déposez-y les aliments, puis recouvrez le tout de litière ou d'un tapis d'humidification si la litière n'est pas assez abondante. Enfin, refermez le vermicomposteur jusqu'au prochain repas. Prenez le temps d'inscrire votre intervention dans votre carnet de bord (voir encadré).

Soulevez la litière dans la section choisie.

Videz le verminourricier.

Recouvrez le tout de litière.

ET AINSI DE SUITE…

Continuez l'alimentation de vos vers selon les indications précédentes en changeant de section chaque fois, c'est-à-dire en poursuivant dans la section deux puis la section trois et ainsi de suite. De cette façon, les vers n'auront pas à chercher la nourriture. Lorsque vous devrez recommencer l'alimentation dans la section un, assurez-vous que les aliments y sont totalement décomposés. Au début, alimentez les vers une à deux fois par semaine. Si les conditions sont optimales et que le nombre de vers le permet, vous pourrez augmenter la cadence ou le volume des repas.

Si vous devez prendre des vacances, assurez-vous qu'il reste suffisamment de litière dans le bac (au besoin, ajoutez du papier journal déchiqueté) et nourrissez vos vers comme d'habitude (pas plus) avant de partir. Une fois qu'ils auront mangé les résidus de cuisine, les vers s'attaqueront à la litière. Vous pourrez vous absenter l'esprit en paix pour une période de trois à quatre semaines sans problème.

Lorsque la litière sera complètement disparue, vous pourrez procéder à la récolte du vermicompost. Mais, si vous préférez retarder cette opération, ajoutez une bonne quantité de papier journal déchiqueté sur le dessus du vermicompost et poursuivez vos bonnes habitudes.

Pour contrôler l'acidité qui est inévitable, surtout si vous compostez régulièrement du marc de café, et pour faciliter la digestion des vers, saupoudrez la surface de la litière de 15 ml de coquilles d'œufs finement broyées aux deux à trois semaines.

LE CARNET DE BORD

L'utilisation d'un carnet de bord est très utile pour suivre adéquatement le processus de vermicompostage et ainsi avoir la possibilité de réajuster les interventions au besoin.

Vous pourrez y inscrire les différentes observations et les interventions telles que :

- alimentation régulière (date, type, poids ou volume, section);
- récolte (date, poids ou volume récolté);
- ajout d'autres ingrédients (coquilles d'œufs, litière, sable, etc.);
- comportement des vers (montent sur les bords du bac, mortalité, etc.).

LA RÉCOLTE DU VERMICOMPOST

Après une période qui peut varier de trois à six mois, vous constaterez que la litière a complètement disparu et que le contenu de votre vermicomposteur est constitué exclusivement de fumier de ver (vermicompost ou lombricompost). Vous pourrez enfin procéder à la récolte de ce qui deviendra un formidable engrais pour vos plantes. Mais ne vous attendez pas à récolter des quantités astronomiques, car le volume de vermicompost produit constituera approximativement 10 à 20 % du volume initial (résidus et litière).

Il existe trois méthodes de récolte, mais elles sont toutes basées sur les mêmes principes : les vers fuient la lumière, mais ils sont attirés par la nourriture. Selon votre préférence, vous pourrez opter pour l'une ou l'autre des trois méthodes : la méthode des petits tas, la méthode progressive ou la méthode rapide.

LA MÉTHODE DES PETITS TAS

La méthode des petits tas permet de récolter le compost en une seule journée, mais elle est assez fastidieuse et implique la manipulation des vers.

Voici comment procéder :

- Cessez de nourrir les vers deux semaines précédant la récolte.
- Assurez-vous que tous les résidus ont été digérés par les vers, autrement attendez (ou triez manuellement les résidus organiques restants dans le but de les réintroduire dans le bac plus tard).
- Préparez une nouvelle litière.
- Placez une bâche de plastique (ex. : un grand sac à ordures) sur une table et versez-y délicatement le contenu du bac.
- Répartissez le vermicompost en une dizaine de petits tas (1).
- Placez une lumière vive au-dessus (ampoule de 100 watts ou fluorescent). Les vers vont se réfugier progressivement dans le centre des tas.
- Attendez trois ou quatre heures et prélevez délicatement le vermicompost en surface des tas tout en veillant à ne pas récolter de vers. Utilisez des gants si vous n'êtes pas encore familier avec vos petits animaux domestiques (2).

- Patientez encore trois ou quatre heures et récoltez de nouveau le vermicompost (3).
- Éloignez rapidement les vers de la source de lumière (autrement, ils risquent la mort) en les plaçant délicatement dans un contenant (le verminourricier par exemple) (4). À ce stade, si vous avez une balance, profitez-en pour peser les vers (5). Si le poids dépasse largement les 500 g que vous avez ajoutés au départ, vous pourrez utiliser l'excédent pour commencer un deuxième vermicomposteur ou l'offrir à un ami pour qu'il fasse de même.
- Placez la nouvelle litière et déposez délicatement les vers en surface. Laissez le couvercle ouvert jusqu'à ce que les vers trouvent refuge dans le compost. Recommencez l'alimentation des vers.

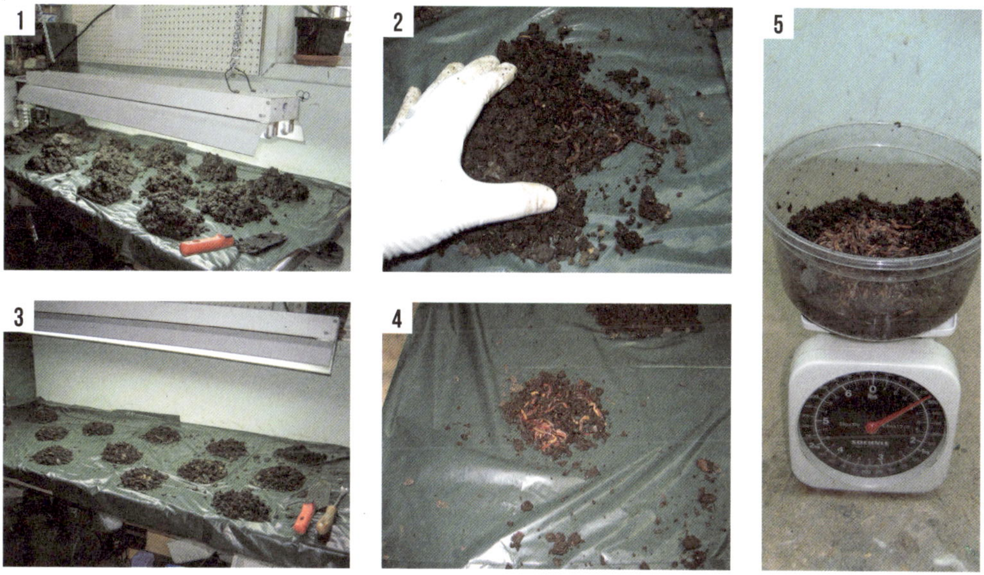

LA MÉTHODE PROGRESSIVE

La méthode progressive est simple et ne nécessite pas la manipulation des vers. Par contre, elle demande de la patience, car la technique se déroule sur une période de quatre semaines.

Voici comment procéder :

- Cessez de nourrir les vers.
- Deux semaines plus tard, préparez une nouvelle litière.
- Séparez le contenu du vermicomposteur en deux parties en tassant tout le vermicompost mûr dans une section et en plaçant la moitié de la litière préparée dans l'autre section (1).
- Recommencez à nourrir les vers normalement, en mettant la nourriture dans la partie qui contient la nouvelle litière.
- Après deux autres semaines, ouvrez le couvercle et déposez plusieurs couches de papier journal (non déchiqueté) sur la partie qui contient la nouvelle litière (2).
- Placez le vermicomposteur ouvert sous une lumière vive durant 24 heures. Les vers qui n'apprécient pas la lumière se réfugieront dans la nouvelle litière, attirés par la nourriture (3).
- Récoltez le compost mûr, enlevez le papier journal non déchiqueté et placez la deuxième moitié de la nouvelle litière dans la partie vide.

1

2

3

LA MÉTHODE RAPIDE

Si vous avez besoin d'un peu de vermicompost et ne désirez pas vous casser la tête, recueillez manuellement le vermicompost à l'aide d'une cuillère dans une section du vermicomposteur qui n'a pas reçu d'aliments depuis quelques jours. Retirez manuellement les vers que vous y trouverez. S'il en reste, ils chatouilleront simplement les racines de vos plantes en pots.

L'ENTREPOSAGE DU VERMICOMPOST

Que vous utilisiez l'une ou l'autre des méthodes de récolte précédemment décrites, la prochaine étape sera d'entreposer le vermicompost dans un contenant perforé (petit seau ou sac de plastique). Ne vous inquiétez pas si le vermicompost contient encore quelques vers, ceux-ci vont poursuivre leur travail dans le terreau de vos plantes. Placez ensuite votre contenant dans un endroit sombre jusqu'à l'utilisation du vermicompost. Puisque ses qualités sont optimales dans les six premiers mois suivant la récolte, vous n'avez pas intérêt à entreposer le vermicompost pendant de longues périodes.

LA VALEUR ET L'UTILISATION DU VERMICOMPOST

Le vermicompost possède des propriétés uniques qui en font un engrais naturel de choix pour les semis et les plantes d'intérieur. Je l'utilise depuis plusieurs années et suis toujours surprise des résultats positifs que j'obtiens (voir encadré).

Le vermicompost est très riche en éléments minéraux (P, K, S, Mg et éléments mineurs) qui sont facilement assimilables par les plantes. De plus, il favorise un haut niveau d'activité microbienne bénéfique. En conséquence, le vermicompost améliore la germination, la croissance et la productivité des plantes, de même que la résistance de ces dernières aux maladies.

Pour en savoir plus sur l'utilisation du vermicompost, voir le chapitre 7 *Les propriétés et l'utilisation du compost.*

MA PETITE EXPÉRIENCE

Chaque printemps, je démarre dans la maison plusieurs plants de tomates de différentes variétés. Pour les semis et la transplantation, j'utilise toujours le même terreau de fabrication maison qui contient du compost commercial. Il y a quelques années, alors que je voulais comparer l'efficacité du vermicompost, j'ai effectué deux mélanges de terreau de transplantation, soit le mélange habituel avec un compost commercial (n° 1) et un mélange qui contenait du vermicompost (n° 2), puis j'ai transplanté la moitié de mes plants de tomates dans le n° 1 et l'autre moitié dans le n° 2. Après quelques semaines, j'ai pu constater la nette supériorité du vermicompost, et ce, pour toutes les variétés de tomates. Je n'ai pas eu besoin de faire d'examen minutieux, puisque je pouvais très bien évaluer que les plants transplantés dans le terreau contenant du vermicompost étaient nettement plus gros et plus robustes. Depuis ce temps, je consacre la majeure partie de mon vermicompost à cet usage.

LE JUS DE VERMICOMPOST

Tout au long du processus, vous aurez tout intérêt à profiter du jus qui s'échappera de votre vermicompost. Ce dernier que l'on nomme également thé de vers, lixiviat ou « lombrithé » peut être utilisé comme engrais en complément du compost pour toutes les cultures. Si vous utilisez un vermicomposteur simple, surveillez régulièrement le plateau inférieur de votre composteur. Il pourrait contenir une mine d'or. Certains vermicomposteurs à étages sont dotés d'un robinet qui permet de récolter directement le jus de vermicompost. Dans tous les cas, recueillez le jus de compost dans un petit contenant et utilisez-le dans les prochaines semaines en le diluant 1/10 soit une partie de jus de vermicompost pour 9 parties d'eau.

Surveillez régulièrement le plateau inférieur et recueillez le jus de vermicompost.

LES PROBLÈMES, LES CAUSES ET LES SOLUTIONS

Le vermicompostage est en soi une excellente pratique écologique, mais c'est aussi un art qui demande un certain apprentissage. Tout comme les autres organismes vivants, les vers ont des exigences et des préférences qui leur sont propres. C'est pourquoi vous devrez apprendre progressivement à leur offrir les meilleures conditions afin qu'ils soient « heureux » et qu'ils travaillent rapidement et efficacement à décomposer vos résidus organiques. Malgré toute votre bonne volonté, il n'est pas impossible qu'un problème survienne. Qu'importe, il ne faut pas paniquer, mais plutôt tenter d'en comprendre la cause et de résoudre le problème à la base. C'est ce que nous verrons dans la prochaine section.

LES VERS ONT TENDANCE À MONTER SUR LES BORDS DU VERMICOMPOSTEUR

Si cela se produit au début, c'est peut-être simplement dû au fait que les vers sont dépaysés dans leur nouveau milieu; il vous faudra user d'un peu de patience, les vers prendront leur place d'eux-mêmes. Mais si le cas se reproduit plus tard, cela peut être symptomatique d'un environnement inadéquat. Dans un premier temps, remettez les vers sur la litière et exposez le tout à la lumière durant 24 heures. Analysez bien la situation et agissez sur la cause. Voici quelles pourraient être les causes et les solutions.

Causes	Solutions
Manque d'air	Assurez-vous que votre vermicomposteur possède des trous d'aération et que ceux-ci ne sont pas bouchés. Après plusieurs semaines, le compost a tendance à se compacter. Ajoutez un peu de papier journal déchiqueté en le mélangeant délicatement au compost.
Trop sec	Ajoutez des résidus de cuisine humides ou vaporisez légèrement le dessus de la litière avec de l'eau (après avoir fait évaporer le chlore).
Trop acide	Saupoudrez 15 ml de coquilles d'œufs finement broyées à la surface de la litière, ou mélangez 5 ml de bicarbonate de soude dans un litre d'eau et aspergez-en la litière.
Trop ou pas assez de nourriture	Ajustez la fréquence des repas.

DES VERS EN CAVALE

Si par mégarde un ou deux vers venaient à s'échapper du vermicomposteur, n'ayez aucune crainte, ils n'iront pas très loin, car il leur est impossible survivre dans l'atmosphère beaucoup trop sèche de nos maisons. Vous les retrouverez complètement séchés à côté du vermicomposteur.

LE VERMICOMPOSTEUR DÉGAGE DES ODEURS NAUSÉABONDES

La plupart du temps, ce problème est lié à l'alimentation. Voici les causes et les solutions.

Causes	Solutions
Trop de nourriture	Espacez les repas. Ajoutez du papier journal déchiqueté.
Alimentation inadéquate	Consultez la liste des ingrédients à éviter. Assurez-vous de toujours enfouir les aliments sous la litière.
Humidité trop élevée ou manque d'air	Vérifiez que les trous d'aération du dessus et les trous d'évacuation du dessous ne sont pas bouchés. Ajoutez du papier journal déchiqueté. Enlevez temporairement le couvercle.

IL Y A BEAUCOUP DE PETITES MOUCHES DANS ET AUTOUR DU VERMICOMPOSTEUR

Ce sont habituellement des drosophiles (mouches à fruit) ou des sciarides (mouches d'humidité ou mouches du terreau).

Voici les causes de la présence des mouches et les moyens de prévenir le problème.

Causes	Préventions
Les asticots ou les adultes de mouches ont été introduits avec des matières qui proviennent de l'extérieur.	Ne mettez pas de résidus tels que des feuilles et des débris du jardin. Si vous utilisez du sable qui provient du jardin dans la fabrication de la litière, assurez-vous de lui faire subir un traitement à la chaleur tel que décrit précédemment.
Les petites mouches se sont introduites dans le vermicomposteur alors que celui-ci avait été placé à l'extérieur.	Conservez votre vermicomposteur à l'intérieur et le couvercle dessus la plupart du temps (sauf exception).
Les aliments (surtout les fruits qui sont très attirants pour les drosophiles) n'ont pas été enfouis adéquatement.	Enfouissez toujours dans la litière les aliments frais ou couvrez-les d'un tapis d'humidification (ou les deux).

Voici les solutions pour résoudre le problème.

Les sciarides sont attirées par un piège collant jaune.

- Installez un piège à mouches à proximité du vermicomposteur et d'une fenêtre. Les sciarides (très petites et noires) seront attrapées par des pièges collants jaunes que vous trouverez en jardinerie, ou encore dans des couvercles jaunes remplis d'eau savonneuse. Quant aux drosophiles (plus grosses et équipées de gros yeux bruns), elles ont un faible pour… les fruits. Pour les attirer et les piéger, vous pourrez confectionner un piège artisanal tel que décrit à la page 126.
- Pendant ce temps, tentez d'assécher le dessus de la litière en ouvrant le couvercle et en plaçant le tout sous une lumière. Une autre méthode plus efficace contre les larves de sciarides consiste à les cuire en insérant la buse d'un système de repassage à la valeur dans le vermicomposteur pour quelques minutes. Les vers se réfugieront au fond, mais les mouches et les larves en surface dépériront.

- En dernier recours, saupoudrez de terre diatomée le dessus de la litière (les vers s'éloigneront de la lumière et ne seront pas affectés. De plus, lorsque tout rentrera dans l'ordre et que le dessus du vermicompost sera réhumidifié, la terre diatomée sera sans danger pour les vers puisque celle-ci est efficace seulement lorsqu'elle est sèche).

Dans les cas extrêmes, vous devrez procéder de la façon suivante. Récoltez le compost selon la méthode des petits tas (exceptionnellement, vous devriez effectuer cette opération à l'extérieur). Par la suite, vous devrez faire tremper les vers dans de l'eau pure durant huit à douze heures, puis laver adéquatement le vermicomposteur, fabriquer une nouvelle litière et recommencer à neuf. Quant au compost recueilli, il devrait être utilisé essentiellement à l'extérieur.

DIFFÉRENTES PETITES BESTIOLES ONT ÉLU DOMICILE DANS LE VERMICOMPOST

Des petites bestioles (insectes et autres) peuvent être présentes occasionnellement dans le vermicompost. Certaines sont communes et sans danger alors que d'autres peuvent être nuisibles aux vers, la plupart du temps parce qu'elles entrent en compétition pour la nourriture. Dans tous les cas, il est possible de minimiser la population de petites bestioles en :

- évitant d'intégrer des ingrédients qui proviennent de l'extérieur (feuilles mortes, etc.);
- conservant le vermicomposteur à l'intérieur en tout temps;
- recouvrant les aliments frais avec de la litière ou un tapis d'humidification.

Voici la liste des bestioles susceptibles de visiter le vermicompost, les causes de leur présence et les moyens de les éviter ou de contrôler leur présence.

Bestioles	Causes	Prévention et contrôle
Acariens Minuscules bestioles (difficilement visibles à l'œil nu) possédant quatre paires de pattes. Les blancs et les bruns décomposent la matière organique. Les rouges peuvent parasiter les vers.	Conditions trop acides	Maintenir un pH de 7 ou plus en : – ajoutant régulièrement des coquilles d'œufs broyées; – assurant un drainage adéquat. Si les acariens sont en grande quantité, la population de vers risque de diminuer. Pour réduire le nombre d'acariens : – exposer le vermicompost à la lumière durant quelques jours; – espacer les repas; – placer des feuilles de papier journal humide sur le dessus du vermicompost, le lendemain, les enlever et les jeter. Dans les cas extrêmes, procéder tel que décrit précédemment pour les mouches.
Collemboles Petits arthropodes sauteurs	Conditions trop humides	Apprendre à les apprécier, car ils font partie du cycle naturel de décomposition. Autrement, lorsqu'ils sont en quantité importante, on peut utiliser un aspirateur à main pour diminuer la population.
Cloportes Des crustacés terrestres	Conditions trop humides	Apprendre à les apprécier, car ils font partie du cycle naturel de décomposition. Autrement, s'ils sont en quantité importante, les enlever à la main.
Fourmis et autres insectes (grande diversité) Ils possèdent trois paires de pattes.	Aliments sucrés en trop grande proportion	Réduire les aliments sucrés.

APRÈS LES VERS, POURQUOI PAS LES INSECTES ?

Savez-vous qu'il n'y a pas que les vers qui peuvent valoriser la matière organique ? De fait, certains insectes peuvent être utilisés non seulement pour transformer la matière organique, mais également pour nourrir les animaux et… les humains. C'est ce que vous découvrirez dans le texte de Louise Hénault-Ethier de l'encadré suivant.

L'ENTOMOPHAGIE ET L'ENTOTECHNOLOGIE : QUAND ON MANGE LES INSECTES QUI MANGENT NOS DÉCHETS !

Depuis des millénaires, les insectes s'occupent naturellement de la gestion des matières organiques. Saviez-vous qu'à part leur participation bénévole dans votre bac de compost, on peut aussi miser spécifiquement sur les insectes pour gérer les matières organiques dans la maison et dans des infrastructures à grande échelle ? On appelle cela l'entotechnologie, du grec *entomos* signifiant insecte. Cette technologie s'apparente au vermicompost où des vers orchestrent la décomposition des matières organiques, mais elle utilise des insectes au lieu des vers. D'autres appellent cela du surcyclage, car on ne se contente pas de recycler la matière organique en un riche amendement pour les cultures, on s'en sert avant tout pour produire des protéines et des lipides qui peuvent alimenter les humains ou les animaux.

La consommation des insectes s'appelle l'entomophagie. C'est une pratique très courante à travers le monde, et qui devrait se populariser davantage avec l'augmentation des besoins alimentaires de la population humaine toujours en croissance. L'Organisation des Nations unies pour l'alimentation et l'agriculture (FAO) encourage d'ailleurs fortement cette pratique pour subvenir à la sous-nutrition ou à la malnutrition dans les pays en voie de développement, mais aussi pour réduire l'empreinte en eau et les émissions de gaz à effet de serre associées aux élevages de bétail conventionnels. Quoique marginale, la consommation des insectes par les humains en Amérique du Nord inclut les grillons et les larves de ténébrions. Des résidus de fruits et légumes sains (pelures ou retailles sans moisissures) sont donnés aux insectes comme source d'eau et de vitamines, en complément à une diète sèche riche en grains. Ces derniers doivent ici être élevés à l'intérieur de façon artisanale ou industrielle.

Louise Hénault-Ethier

Larves de ténébrions.

Pour gérer de plus grandes quantités de matières organiques, des industriels misent sur les larves de mouches. Des résidus triés à la source peuvent servir à alimenter les larves de mouches soldats noires, tandis que des fumiers peuvent nourrir des larves de mouches domestiques. Contrairement aux humains, plusieurs animaux apprécient ce genre de mets. En remplaçant les moulées conventionnelles composées de grains de maïs et de soya produites industriellement ou de farines et huiles de poissons sauvages, par des insectes élevés avec nos déchets organiques, on réduit l'impact environnemental des élevages d'animaux. Ainsi, des poules, des poissons ou des cochons qui mangent volontiers des insectes trouvés dans leur habitat pourraient recevoir des moulées équilibrées contenant des insectes d'élevage. Et si vous osez élever des insectes avec vos déchets organiques à la maison, vous pourrez ajouter un complément à la diète de vos animaux de compagnie de façon écologique et économique.

Louise Hénault-Ethier

Mouche soldat noire adulte.

Louise Hénault-Ethier

CHAPITRE 6

LES COMPOSTS COMMERCIAUX :

PAR LES PROFESSIONNELS, POUR LES JARDINIERS

Si vous ne faites pas votre propre compost ou si la quantité de compost que vous produisez ne suffit pas pour vos besoins, vous aurez tout de même le loisir d'en acheter. D'ailleurs, même si je suis convaincue des avantages « éconologiques » du compostage domestique, je ne prétends pas qu'il soit possible de composter dans ma cour (et dans la vôtre) les millions de tonnes de résidus organiques d'origines municipale, institutionnelle, commerciale, industrielle et agricole qui sont produits chaque année. Heureusement, des professionnels du compostage industriel s'en occupent. Lorsque le résultat de ce processus de compostage est mis en marché en tant qu'amendement de sol pour utilisation agricole ou horticole, on parle alors de compost commercial.

Les composts doivent être stables et matures au moment de la vente et de la distribution. On les trouve facilement en jardinerie en sacs ou en vrac, alors qu'en quincaillerie, ils se présentent la plupart du temps en sacs. Au Canada, tous les composts doivent répondre à des normes concernant l'innocuité, l'efficacité et l'étiquetage avant d'être mis sur le marché. Ces normes sont élaborées conjointement par l'Agence canadienne d'inspection des aliments qui administre la Loi et le règlement sur les engrais (puisque le compost est un intrant susceptible d'entrer dans la chaîne alimentaire), le Conseil canadien des ministres en environnement et le Bureau de normalisation du Québec.

En général, les normes adoptées par les organismes de réglementation mettent l'accent sur la protection de la santé publique et de l'environnement. Les critères et les précisions relatives aux caractéristiques esthétiques du compost (ex. : la texture, la

Photo : Murdocks Images Dollar Photo Club

couleur ou l'odeur) et les caractéristiques relatives à la croissance des plantes (ex. : le pH, la teneur en éléments nutritifs) sont la plupart du temps élaborés de nature volontaire par l'industrie. C'est pourquoi vous devez être un consommateur averti lorsque vient le moment de trouver un compost de qualité.

La qualité du compost dépend de la nature des intrants, du système de compostage utilisé et du suivi du processus de compostage. Elle est déterminée selon différents paramètres. Lorsque le compost est destiné aux jardins, on vise un contenu en matière organique et en éléments nutritifs élevés, mais de faibles teneurs en contaminants biologiques (organismes pathogènes) et chimiques (métaux lourds).

POUR ACHETER DU COMPOST, SORTEZ VOS LUNETTES

Si vous êtes de ceux qui, comme moi, ont pris l'habitude de lire les étiquettes avant d'acheter des aliments au supermarché, vous devriez agir ainsi lorsque vous faites l'achat de compost. Comme le compost est l'aliment de base de votre sol, soyez vigilants. Prenez le temps de retourner les sacs afin de lire les étiquettes ou demandez les fiches techniques des composts en vrac. N'hésitez pas à manipuler et même à sentir les différents composts. Dans un premier temps, votre choix devrait se porter sur un compost qui ne contient pas de corps étrangers (morceaux de sacs de plastique, par exemple) et qui a une bonne odeur de sous-bois.

LA LISTE DES INGRÉDIENTS DE BASE

Si vous voulez vraiment savoir ce que vous donnez à « manger » à votre sol, une des premières informations à rechercher concerne les ingrédients avec lesquels il a été fabriqué. Malheureusement, la loi n'oblige pas les commerçants à inscrire les ingrédients sur le sac de compost à moins qu'un ingrédient n'ait été mentionné dans le nom du compost. Il s'agit donc d'une pratique volontaire de la part des commerçants. Personnellement, je n'achète jamais de compost dont il ne m'est pas possible de connaître les ingrédients de base et je privilégie les ingrédients dont la définition est relativement claire tels que fumier, tourbe de sphaigne, résidus de crevettes, algues marines, résidus de bois, chaux (voir l'encadré de la page 184). D'autres ingrédients peuvent laisser place à différentes interprétations comme on peut le constater avec des termes flous tels que matière végétale, matière forestière, matière... Dans ce cas, je préfère m'abstenir.

Enfin, plus que tout autre ingrédient, j'ai des appréhensions concernant les biosolides (boues d'épuration) qui sont les résidus du traitement des eaux usées des usines d'épuration et des papetières et les digestats des usines de biométhanisation (si ces derniers résultent du traitement des boues d'épuration). Même si je suis consciente que ces matières doivent être valorisées, je suis inquiète des effets à long terme que pourrait avoir l'utilisation de ces composts sur des sols qui peuvent tôt ou tard recevoir des cultures destinées à la consommation. Les biosolides sont particulièrement susceptibles de contenir des métaux lourds (voir encadré) reconnus comme étant toxiques. D'ailleurs, ils ne sont pas autorisés en agriculture bio par la plupart des organismes de certification. Heureusement, les composts issus de ces matières peuvent être utilisés à d'autres fins que l'agriculture et l'horticulture, comme la restauration des sites dégradés ou les aménagements en bordure des routes.

LES MÉTAUX LOURDS

Les principaux métaux lourds sont l'arsenic (As), le cadmium (Cd), le cobalt (Co), le chrome (Cr), le cuivre (Cu), le mercure (Hg), le molybdène (Mo), le nickel (Ni), le plomb (Pb), le sélénium (Se) et le zinc (Zn).

Ce sont des éléments naturellement présents dans le sol. Certains jouent d'ailleurs le rôle d'éléments mineurs importants pour plusieurs êtres vivants, dont les plantes et les humains.

Le problème, c'est que les métaux lourds peuvent s'accumuler dans le sol lorsqu'ils sont partie intégrante des composts et, de ce fait, devenir toxiques pour la faune et la flore, souvent à des doses relativement faibles.

L'ANALYSE GARANTIE

Mis à part la liste des ingrédients, d'autres données utiles peuvent être disponibles dans un tableau intitulé « Analyse garantie » (voir encadré) au dos des sacs de compost, sur la fiche technique des composts vendus en vrac ou sur le site Internet du fabricant. Seules les données concernant le pourcentage de matière organique et le pourcentage d'eau sont obligatoires. Les autres paramètres, si importants pour comparer la qualité des différents composts, peuvent être présents si le fabricant allègue que le produit à une valeur fertilisante.

Selon la réglementation, toutes les données de l'analyse garantie devraient être exprimées selon une base de matière humide, c'est-à-dire sur le total de tous les ingrédients, incluant l'eau.

ANALYSE GARANTIE (EXEMPLE FICTIF)

• Azote total (N) :	0,5 %
• Acide phosphorique assimilable (P_2O_5) :	0,6 %
• Potasse soluble (K_2O) :	0,2 %
• Humidité maximale :	65,0 %
• Matière organique :	25,0 %
• pH :	6,5
• Carbone/azote :	22

Note : Les données exprimées en pourcentage sont des garanties minimales, à l'exception de l'humidité qui doit être maximale.

L'HUMIDITÉ

Dans tous les cas, la loi stipule que les composts ne devraient jamais contenir plus de 65 % d'eau. Si vous ne voulez pas payer pour de l'eau, choisissez le compost qui en offre le plus bas pourcentage et privilégiez ce dernier lorsque les autres caractéristiques sont relativement similaires.

QUELQUES INGRÉDIENTS DES COMPOSTS COMMERCIAUX

Fumier de mouton composté ou fumier de bovin composté

Le fumier de mouton a acquis une telle réputation du fait de sa teneur fertilisante en potassium qu'il est devenu très populaire auprès des jardiniers. Considérant que le cheptel des moutons n'est pas très imposant au Québec, il est étonnant de trouver autant de fumier de mouton sur le marché. La prochaine fois que vous voudrez faire l'acquisition d'un fumier composté, prenez la peine de comparer la valeur fertilisante (voir plus loin) du fumier de mouton avec un autre fumier composté (non nommé, mais souvent du fumier de bovin). Il y a fort à parier que vous verrez peu ou pas de différences entre les deux...

La tourbe de sphaigne

La tourbe de sphaigne, qui est souvent utilisée dans les composts commerciaux, allège ces derniers tout en leur conférant une texture fine. Malheureusement, l'utilisation abusive de la tourbe de sphaigne dans les composts n'a pas que des avantages. En effet, loin d'être un déchet que l'on valorise, elle est une ressource qui met des milliers d'années à se renouveler. De plus, la tourbe de sphaigne intégrée aux composts est sans intérêt pour augmenter leur valeur fertilisante.

Résidus de crevettes ou farine de crevettes

Des recherches ont permis de conclure que les résidus de crevettes auraient un effet phytoprotecteur sur les plantes en raison de la chitine qu'ils contiennent. En fait, celle-ci stimulerait le développement des populations microbiennes du sol productrices de chitinase. Cette enzyme a la capacité de dégrader les parois cellulaires des champignons responsables de certaines maladies des plantes.

Cette découverte a fortement contribué à augmenter la popularité du compost qui est fabriqué à partir de résidus de crevettes. Mais on est en droit de se demander si tous ces composts ont des propriétés de phytoprotection équivalentes. La réponse réside dans la quantité et la qualité des intrants. Malheureusement, il n'est pas possible de connaître les recettes secrètes des composts commerciaux. Cependant, vous devriez privilégier les composts fabriqués avec des résidus de crevettes plutôt que des farines de crevettes.

Les résidus de bois

Les résidus de bois qui entrent dans la composition des composts commerciaux sont particulièrement performants pour former de l'humus. Ils sont donc tout à fait appropriés pour améliorer la structure des sols argileux.

LE POURCENTAGE DE MATIÈRE ORGANIQUE

Le pourcentage de matière organique est une information très importante puisqu'elle est l'essence même du compost. On a donc avantage à rechercher les taux de matière organique les plus élevés. Cette donnée, exprimée en base de poids humide varie habituellement entre 20 et 30 % pour la plupart des composts. Il y a quelques années, on trouvait souvent des données de matière organique variant de 60 à 75 %. C'est que ces dernières étaient exprimées en base de poids sec. Dans le doute, additionnez le pourcentage de matière organique au pourcentage d'eau. Si vous obtenez plus de 100 %, c'est que le pourcentage de matière organique indiqué est en base de poids sec.

LA TENEUR EN AZOTE, PHOSPHORE ET POTASSIUM

Si vous avez l'habitude d'utiliser des engrais, vous êtes sans doute familier avec la série de trois chiffres habituellement indiquée sur l'emballage à proximité du nom du produit. Ces trois chiffres correspondent à la teneur en azote, phosphore et potassium. Dans le cas des composts, ces valeurs sont bien plus basses que celles des engrais (surtout les engrais de synthèse), mais il faut savoir qu'elles expriment le pourcentage d'éléments minéraux disponibles à court terme, alors que la décomposition progressive du compost mettra en disponibilité des éléments que les plantes pourront utiliser durant plusieurs mois, voire quelques années. Ces données incluses dans l'analyse garantie sont représentées par les symboles N, P_2O_5 et K_2O, soit la forme assimilable par les plantes de l'azote, du phosphore et du potassium respectivement.

Tout comme pour le taux de matière organique, les données concernant la teneur en azote, phosphore et potassium doivent être exprimées sous la base du poids total de tous les ingrédients, incluant l'eau. Les composts faits de fumier ont habituellement des teneurs en éléments minéraux supérieurs.

LE RAPPORT CARBONE/AZOTE

Le rapport carbone/azote (C/N) exprime, comme son nom l'indique, la quantité de carbone en rapport avec la quantité d'azote. Il varie habituellement entre 20 et 35. Plus le rapport C/N d'un compost est élevé, plus il prendra du temps à se décomposer dans le sol.

ACHETER DU COMPOST EN SAC OU EN VRAC

On trouve une grande diversité de composts en quincaillerie et en jardinerie. Ils sont la plupart du temps vendus en sacs, mais plusieurs jardineries offrent aussi des composts en vrac. L'un et l'autre comportent des avantages et des inconvénients.

LE COMPOST EN SAC

- manipulation facile, se glisse aisément dans le coffre de l'auto;
- information disponible sur le sac (ingrédients, matière organique, etc.);
- coût parfois élevé (2 $ à 6 $ le sac);
- usage de sacs de plastique dommageable pour l'environnement.

LE COMPOST EN VRAC

- coût souvent abordable (20 $ à 35 $ le mètre cube);
- pas de gaspillage de plastique;
- informations détaillées (ingrédients et analyse garantie) parfois difficilement accessibles;
- besoin d'un moyen de transport adéquat (remorque, camionnette);
- manutention plus difficile. Si vous faites livrer un chargement dans votre entrée, vous devrez rapidement le transporter avec une brouette jusqu'à votre jardin ou vos platebandes et le couvrir s'il n'est pas utilisé immédiatement;

- risque de perte de qualités fertilisantes et de contamination par des graines de plantes adventices lorsqu'il est entreposé sur de longues périodes et qu'il n'est pas couvert.

D'AUTRES INFORMATIONS AFIN D'ORIENTER VOTRE CHOIX

Certains composts sont approuvés pour l'utilisation en agriculture biologique par des organismes de certification reconnus (par exemple : Québec Vrai, Écocert Canada, OMRI). Ces composts ne doivent pas contenir d'intrants synthétiques tels que des engrais de synthèse ou des agents mouillants. De plus, la plupart des organismes n'acceptent pas les biosolides.

Si vous êtes soucieux de l'environnement, choisissez des composts qui sont fabriqués le plus près de votre région. De cette façon, les impacts négatifs du transport (utilisation de pétrole, GES) seront minimisés.

Dans tous les cas, n'hésitez pas à toucher et à sentir le compost que vous convoitez et assurez-vous qu'il a une belle texture fine et friable et qu'il sent bon le sous-bois. Et si ça vous rebute d'acheter des composts commerciaux… relisez le chapitre 3 *Le compostage domestique*.

Enfin, selon l'usage auquel il est destiné, certains composts auront intérêt à être privilégiés. C'est ce que vous verrez dans le prochain chapitre.

CHAPITRE 7

LES PROPRIÉTÉS ET L'UTILISATION DU COMPOST :

DE L'OR BRUN DANS LE JARDIN

Le compost est sans contredit l'amendement par excellence pour améliorer et maintenir la santé du sol (voir encadré). Il constitue une source de matière organique essentielle au maintien de la fertilité des sols et un apport en éléments minéraux indispensable pour la croissance des plantes. La matière organique améliore les propriétés physiques, chimiques ou biologiques des sols. De plus, elle libère des éléments fertilisants (azote, phosphore, potassium et autres) nécessaires à la croissance des plantes. Bref, le compost, qu'il soit de provenance domestique ou commerciale, contribue à faire du sol un milieu vivant et favorable à la culture des plantes. Il n'est donc pas étonnant qu'on le surnomme « l'or brun du jardinier ». D'ailleurs, le compost et le compostage sont indissociables du jardinage écologique. Le vrai jardinier écologique ne se contente pas d'avoir « le pouce vert », il a aussi « les mains brunes ».

Même si le compost ne vise pas directement les plantes, il a, par ricochet, une influence directe sur la santé de ces dernières, car dans un sol sain poussent des plantes en santé. Et qui dit plantes en santé dit également moins de risques de dommages causés par les insectes ravageurs et les maladies, ce qui se traduit par moins de pesticides. Bref, l'utilisation des composts au jardin est un avantage incontestable pour le sol, les plantes et enfin pour l'environnement et la santé de tous.

QU'EST-CE QU'UN AMENDEMENT DE SOL ?

Un amendement de sol est une substance que l'on apporte au sol dans le but d'en améliorer les propriétés physiques, chimiques ou biologiques (exceptionnellement, le compost agit à tous ces niveaux). En comparaison, les engrais visent à combler les besoins spécifiques des plantes.

Les amendements utilisés en horticulture sont classés en deux catégories:

- les amendements minéraux: chaux, cendre, gypse et coquilles d'œufs broyées;
- les amendements organiques: paillis organique, fumier, engrais verts, tourbe de sphaigne et bien sûr le compost.

LES PROPRIÉTÉS DU COMPOST

Les effets positifs de l'utilisation du compost sur le sol et sur les plantes sont nombreux. D'ailleurs, il suffit d'avoir utilisé le compost au moins une fois pour réaliser qu'il s'agit d'un amendement aux mille vertus. En voici quelques-unes.

Le compost nourrit indirectement les plantes.

LE COMPOST NOURRIT LE SOL… ET LES PLANTES

Le sol est le centre névralgique de tout ce qui se passe au jardin. Loin d'être un simple support aux plantes, le sol vivant fourmille d'organismes utiles (micro-organismes et petite faune). Il doit donc être considéré dans son ensemble comme un élément vivant, au même titre que les humains, les animaux et les plantes. Et comme c'est le cas pour tous les éléments vivants, le sol a besoin de nourriture pour vivre. Enfin, la principale source de nourriture du sol provient de la matière organique dont est constitué essentiellement le compost. D'ailleurs, le compost doit, plus que tout autre amendement ou engrais, être à la base de la fertilisation du sol (voir l'encadré de la page 191). Lorsqu'on néglige cet aspect, comme c'est parfois le cas dans l'agriculture intensive, on se retrouve tôt ou tard devant un constat désolant: la dégradation des sols.

Le compost fournit des éléments minéraux simples dont une quantité réduite peut être absorbée immédiatement par les plantes après l'application. La majorité de la matière organique apportée par le compost est stockée sous forme d'humus (matière organique stabilisée) qui sert en quelque sorte de « garde-manger » pour les organismes du sol. Selon les conditions environnementales, les organismes vivants du sol puisent leur nourriture à même ce garde-manger et la transforment en éléments assimilables par les plantes. À leur tour, les plantes puisent les éléments minéraux dans le sol en fonction de leurs besoins. Et tout cela se déroule dans votre jardin, comme depuis des milliers d'années dans les milieux non perturbés par les humains tels que la forêt naturelle. La nature fait bien les choses…

LA FERTILISATION

La fertilisation est une opération qui tend à conserver ou à augmenter la productivité d'une terre par l'épandage d'engrais ou d'amendement.

En ce sens, le compost peut être considéré comme un fertilisant. Cependant, il serait inexact de classer le compost dans la catégorie des engrais. Le compost est bien plus qu'un simple engrais.

LE COMPOST AUGMENTE LA CAPACITÉ DU SOL À RETENIR L'EAU ET LES ÉLÉMENTS MINÉRAUX

C'est bien connu, l'eau est essentielle à la vie. D'ailleurs, pour maintenir la santé du sol, l'eau, tout comme la matière organique, constitue un ingrédient vital. De plus, l'eau est un des éléments clés du phénomène de photosynthèse des plantes. Peu de jardiniers peuvent se vanter de ne jamais avoir expérimenté, malgré eux, le manque d'eau de certaines plantes. Le retour des vacances peut parfois être pénible…

Même si l'eau est une richesse collective importante, plusieurs jardiniers l'utilisent souvent sans discernement. Pourtant, il existe de nombreuses pratiques qui permettent de minimiser les besoins d'arrosage. L'utilisation du compost est l'une d'elles. En effet, le compost contribue à augmenter la capacité du sol à retenir l'eau. Cette caractéristique est à la fois un avantage pour l'environnement et pour nous les jardiniers qui n'avons pas à passer la belle saison avec un arrosoir à la main, et ce, même en période chaude et sèche. D'ailleurs, avec le phénomène des changements climatiques et les manifestations extrêmes telles que la sécheresse, qui sont susceptibles de se produire à l'avenir, l'utilisation du compost est sans contredit une pratique qui peut contribuer à minimiser les besoins en eau potable au jardin.

Cette caractéristique sera aussi très intéressante si votre sol est constitué en grande partie de sable (ce qui est souvent le cas des terrains nouvellement aménagés), puisque

Le compost permet de minimiser l'arrosage.

ce type de sol retient peu l'eau et les éléments minéraux. De plus, si vous cultivez des plantes qui ont des exigences élevées en eau ou encore si vous cultivez en pots, le compost sera un incontournable parce qu'il agit en quelque sorte comme une éponge.

Enfin, parce qu'il retient l'eau et les éléments minéraux qu'elle contient, le compost contribue à maximiser l'effet des engrais et à minimiser les pertes d'éléments minéraux par lessivage, deux avantages indéniables pour l'environnement. D'une part, les apports d'engrais pourront être réduits et d'autre part, les éléments minéraux demeureront dans le sol pour nourrir les plantes au lieu d'être entraînés vers les nappes d'eau souterraines pour finalement terminer leur course dans les cours d'eau et polluer ces derniers.

LE COMPOST AMÉLIORE LA STRUCTURE DES SOLS ARGILEUX

Plusieurs jardiniers croient à tort qu'il n'est pas possible de cultiver dans un sol argileux (sols glaiseux) parce que celui-ci est trop lourd. Certains sont même tentés de remplacer carrément leur sol argileux par des terreaux commerciaux. À moins de cultiver sur un sol constitué à 100 % d'argile (ce qui est plutôt rare), c'est une erreur. En fait, il est possible de rendre un sol argileux propice à la culture des plantes.

D'ailleurs, je cultive moi-même dans un sol qui contient une très forte proportion d'argile et j'obtiens de très bons résultats avec la majorité des plantes, même avec les carottes. Il faut savoir que l'argile est très riche en éléments minéraux, mais sa structure (voir encadré) compacte rend difficile leur transfert vers les plantes et la pénétration des racines.

Les apports de compost associés à un travail de sol adéquat modifient progressivement la structure de ce dernier. De compacts et peu aérés, les sols argileux prennent graduellement une structure grumeleuse où des espaces d'air s'établissent entre les petits agrégats, contribuant ainsi à augmenter la fertilité du sol, en facilitant la pénétration des racines, une activité biologique intense et, enfin, un bon drainage.

LA STRUCTURE DU SOL

La structure d'un sol correspond au mode d'assemblage des particules (sable, limon, argile, matière organique) qui le composent. En d'autres termes, c'est l'arrangement des constituants minéraux et organiques du sol en unités secondaires, ou agrégats de formes distinctes. Il existe différents types de structure de sol, mais la structure la plus favorable pour la culture est celle de type granulaire ou grumeleux.

LE COMPOST CONTRIBUE À MINIMISER LES ÉCARTS DE PH DU SOL

Le pH ou potentiel hydrogène correspond à une mesure du degré d'acidité ou d'alcalinité du sol. Celui-ci est déterminé par la concentration relative des ions hydrogènes (H^+) et hydroxydes (OH^-) présents dans l'eau du sol. L'eau pure qui contient ces ions en quantités égales est une solution neutre : son pH est de 7. Une solution est acide lorsque son pH est inférieur à 7 et basique s'il est supérieur à 7.

Dans des conditions de climat tempéré et humide comme le nôtre, nos sols ont une tendance naturelle à s'acidifier. De plus, les pluies acides et l'utilisation des engrais chimiques et des pesticides peuvent contribuer à accentuer le problème. De façon générale, la majorité des plantes préfèrent un sol relativement neutre ou légèrement acide, car en condition trop acide ou trop basique, l'assimilation des éléments minéraux par la plante se fait difficilement et les micro-organismes y survivent péniblement.

Heureusement, les apports de matière organique du compost contribuent à stabiliser le pH du sol. C'est donc un avantage incontestable à la fois pour la faune du sol, pour les plantes et pour nous qui les cultivons avec amour.

LE COMPOST AUGMENTE LA RÉSISTANCE DU SOL AU COMPACTAGE

Pour favoriser une aération adéquate, donc une bonne pénétration des racines et une vie microbienne intense, les surfaces de sol consacrées à la culture devraient être réservées exclusivement aux plantes. Il faut éviter, autant que possible, d'y mettre ne serait-ce que le petit orteil. Dans certaines situations cependant, il est inévitable et même parfois souhaitable d'utiliser certaines surfaces cultivées comme c'est le cas pour les pelouses. Mais les graminées à pelouse, tout comme plusieurs plantes, n'apprécient pas le compactage du sol. Dans les cas extrêmes, il faut procéder à une aération. Afin de ne pas être dans l'obligation de répéter cette opération régulièrement, songez à utiliser du compost sur la pelouse. En plus des nombreux avantages qu'offre un terreautage au compost, ce dernier augmente la résistance du sol au compactage.

LE COMPOST AUGMENTE LA RÉSISTANCE DU SOL À L'ÉROSION PAR LE VENT ET PAR L'EAU DE RUISSELLEMENT

La portion de sol qui est vraiment fertile, donc utile pour la culture des plantes, se limite principalement aux 15 premiers centimètres. C'est dans cette portion que les échanges entre les micro-organismes et les plantes y sont les plus actifs. Cette partie du sol est très précieuse; on ne veut surtout pas la perdre avec l'action du vent ou de la pluie qui, dans certaines conditions (vent intense, pluie soudaine et abondante), risque d'entraîner le sol dans les fossés, les égouts et les cours d'eau. Heureusement, les apports de compost contribuent à favoriser la cohésion des différents constituants du sol, rendant ce dernier plus résistant à l'érosion par le vent et par l'eau de ruissellement.

LE COMPOST CONTRIBUE À MAINTENIR LES PLANTES EN SANTÉ

Parce que le compost augmente la vigueur des plantes, ces dernières sont plus résistantes aux maladies, aux insectes ravageurs et aux conditions environnementales variables. Tout comme les humains, les plantes en santé sont moins vulnérables aux stress extérieurs.

De plus, certains composts contiennent des micro-organismes bénéfiques (bactéries, champignons ou actinomycètes) qui peuvent contribuer à prévenir le développement de micro-organismes pathogènes responsables des maladies des plantes. C'est ce qu'on appelle l'effet suppressif des composts. En fait, trois phénomènes peuvent expliquer cet effet :

- Les micro-organismes entrent en compétition pour les éléments nutritifs.
- Certains micro-organismes libèrent des substances antibiotiques.
- Certains micro-organismes peuvent en parasiter d'autres.

Le compost contribue à maintenir les plantes en santé.

Selon les matériaux avec lesquels il a été fabriqué, le compost peut avoir des effets suppressifs sur certaines maladies fongiques spécifiques. Des recherches ont suggéré, entre autres, les effets protecteurs de la chitine contenue dans les résidus de crevettes.

Enfin, les plantes en santé donnent un meilleur rendement, un effet souhaitable dans le cas des plantes légumières.

LE COMPOST FAVORISE UN RÉCHAUFFEMENT DU SOL PLUS RAPIDE AU PRINTEMPS

Après un long hiver, lorsque le printemps se pointe, la plupart des jardiniers sont fébriles à l'idée de pouvoir enfin « jouer dans la terre ». Mais l'attente peut se prolonger de quelques jours, s'ils n'ont pas pris la bonne habitude de faire des apports de compost au jardin les années précédentes. En effet, le fait d'ajouter du compost

En ajoutant du compost au sol, celui-ci devient plus foncé et se réchauffe plus rapidement au printemps.

au sol contribue à modifier progressivement sa couleur. Il devient plus foncé et par conséquent se réchauffe plus rapidement au printemps parce qu'il accumule la chaleur des rayons du soleil plutôt que de la réfléchir. Évidemment, il ne faudrait pas croire que vous pourrez transplanter vos plants de tomates au jardin au mois d'avril. Mais quelques jours gagnés représentent toute une différence au printemps lorsqu'il y a tant à faire au jardin.

LA VALEUR FERTILISANTE DES DIFFÉRENTS COMPOSTS

La valeur fertilisante du compost varie en fonction des paramètres suivants : les matériaux avec lesquels il a été fabriqué, la méthode de compostage utilisée et le stade de maturation.

Les matériaux qui entrent dans la composition des composts contiennent, à des degrés divers, différents éléments minéraux (azote, phosphore, potassium, calcium, magnésium, soufre, ainsi que plusieurs éléments mineurs). Ainsi, plus les intrants sont diversifiés, plus le contenu en éléments nutritifs sera complet. Dans le cas du compostage domestique, il ne faut surtout pas se priver d'inclure les plantes adventices qui ne sont pas en graines (voir page 53), souvent beaucoup plus riches en éléments minéraux que tout autre matériau. Si vous avez l'habitude de fabriquer votre compost principalement avec des feuilles, sachez que celui-ci aura peu de valeur fertilisante.

Par contre, son apport important en humus stable en fera un excellent conditionneur pour améliorer les qualités physiques du sol. Dans le cas du compostage de moyen et grand volume, l'utilisation des fumiers est une pratique qui permet d'obtenir un compost ayant une valeur fertilisante élevée. D'ailleurs, lorsque vient le temps de faire le choix d'un compost commercial, comme nous l'avons vu dans le chapitre précédent, il est intéressant d'opter pour un tel compost lorsqu'il est destiné à des cultures exigeantes en éléments minéraux, comme c'est le cas pour certains légumes.

La méthode de compostage influe sur la valeur fertilisante du résultat final. En fait, plus le processus de compostage est suivi scrupuleusement, plus le compost produit aura conservé les éléments nutritifs contenus dans les intrants. D'ailleurs, tous les facteurs qui ont une influence sur la vitesse de décomposition (équilibre des matières vertes et des matières brunes, fragmentation des matériaux, suivi des besoins en eau et en air, volume des matériaux à composter et méthode de compostage) concourent à l'obtention d'un compost ayant une meilleure valeur fertilisante. Cela s'explique par le fait que les pertes d'éléments minéraux par volatilisation (dans le cas de l'azote) ou par lessivage (pour la plupart des éléments minéraux) seront ainsi réduites.

La valeur fertilisante du compost est également variable selon le stade de maturation du compost. Ainsi, un compost jeune est habituellement plus riche en éléments minéraux qu'un compost mûr. Cependant, sauf quelques exceptions, il est risqué pour la majorité des cultures d'utiliser un compost immature puisque la décomposition intense qui se poursuit au niveau des racines entraîne la production de substances toxiques pour les plantes. Cette conséquence sera cependant moins importante dans les sols qui contiennent une forte proportion de sable puisque l'aération y est plus importante. Tous les composts issus de l'industrie du compostage et mis sur le marché en tant que composts commerciaux pour utilisation horticole doivent être stabilisés et mûrs au préalable.

L'UTILISATION DU COMPOST

Le compost est un incontournable pour améliorer ou maintenir la vigueur de la majorité des plantes. En fait, mis à part la culture de certaines plantes telles que les cactus qui apprécient des conditions de sol très pauvre, le compost s'utilise à peu près partout. D'ailleurs, que ce soit au potager, sur la pelouse, dans les platebandes et les pots ou encore à la base des arbres et des arbustes et même comme constituant des terreaux de plantes d'intérieur ou pour les semis, le compost est indispensable. Ainsi, le compost doit être à la base de la fertilisation, et ce, avant tout autre amendement ou engrais.

Tous les composts commerciaux sont mûrs, mais si vous fabriquez votre propre compost, vous aurez le loisir d'utiliser du compost demi-mûr dans certaines situations (voir encadré). Dans le doute, utilisez du compost mûr.

L'UTILISATION D'UN COMPOST DEMI-MÛR

Les avantages :

- Une partie des éléments minéraux est disponible immédiatement pour les plantes.
- La structure du sol est améliorée à cause de l'activité des micro-organismes.

Le principal inconvénient :

- La présence d'acide organique et d'ammoniaque due à la décomposition risque d'inhiber la germination des jeunes plants.

Précaution :

- Éviter de l'enfouir (sauf dans un sol très sablonneux).
- Ne jamais l'utiliser pour les semis.

Où, quand et comment l'utiliser ?

- Au pied des arbres et des arbustes, recouvert de paillis, idéalement tard à l'automne.
- Au pied des plants de concombres, des courges, des aubergines, du maïs, des poivrons, des tomates, recouverts de paillis, au printemps.
- Pour planter les courges et les concombres, sur le tas fabriqué au printemps selon la méthode « lasagne ». Pour ce faire, privilégiez la transplantation plutôt que le semis.

LE COMPOST AU POTAGER

Les plantes légumières ont chacune leurs exigences en matière de fertilisation. Certaines, comme le maïs, sont particulièrement friandes de compost alors que d'autres ont un appétit beaucoup plus frugal, comme c'est le cas pour les haricots (voir tableau 9) ! Que vous utilisiez du compost commercial ou votre propre compost, l'idéal sera de regrouper les plantes légumières en fonction de leurs exigences en fertilisation et de les cultiver ensemble au potager. De cette façon, vous maximiserez l'utilisation du compost là où c'est nécessaire et vous faciliterez du même coup la rotation des cultures.

TABLEAU 9
LE COMPOST AU POTAGER

Exigences en fertilisation	Plantes légumières
Plantes très exigeantes	Aubergine, artichaut, céleri, chou-fleur, citrouille, courge, concombre, maïs, tomate
Plantes exigeantes	Ail, asperge, cerise de terre, chou pommé, brocoli, chou de Bruxelles, laitue, melon, épinard, poireau, poivron
Plantes moyennement exigeantes	Bette à carde, betterave, carotte, chou-rave, navet, oignon, panais, pomme de terre, radis
Plantes peu exigeantes	Pois, haricot, gourgane ou engrais vert

Les tomates sont très exigeantes en compost.

L'ail est un légume exigeant en compost.

Les haricots sont peu exigeants en compost.

Les oignons sont moyennement exigeants en compost.

Les concombres peuvent être cultivés directement sur le tas de compost fait au printemps. Productivité assurée.

Si vous fabriquez votre propre compost, vous aurez le loisir de l'utiliser même s'il est encore demi-mûr pour certaines plantes légumières, tel que présenté précédemment. D'ailleurs si vous faites la « lasagne» tôt au printemps avec vos résidus de cuisine de l'hiver, comme je l'ai expliqué dans le chapitre 3, vous pourrez planter vos plants de concombres et de courges directement sur le tas deux mois plus tard. Le fait de cultiver en tas ou en butte surélevée contribue à minimiser les problèmes que pourrait occasionner un compost qui n'est pas encore stabilisé. Pour la majorité des autres plantes légumières, un compost mûr est préférable.

Afin de choisir un compost commercial pour utilisation au potager, vous devrez, plus que pour toutes autres plantes, prendre en considération les intrants avec lesquels il a été fabriqué (voir chapitre 6 *Les composts commerciaux*). Ainsi, vous pourrez favoriser un compost dont les intrants ont une valeur fertilisante élevée tels que les fumiers. Dans le doute, il peut être intéressant d'utiliser un mélange de plusieurs composts commerciaux afin de combler les différents besoins des plantes.

Au potager, le compost devrait être appliqué idéalement au printemps, une fois le travail du sol terminé, mais quelques jours avant les semis et les transplantations. Après avoir appliqué le compost et les engrais, si nécessaire (voir l'encadré à la page 202), faites pénétrer le tout dans les premiers 10 cm du sol en utilisant par exemple la griffe à dents ou le râteau, l'idée étant simplement de faire disparaître le compost de la surface du sol. Il est inutile, voire dommageable, de faire pénétrer le compost trop profondément avec la fourche à bêcher ou le motoculteur par exemple, car ainsi, les éléments minéraux risquent d'être lessivés avant d'être utilisés par les

Au potager, le compost est appliqué en surface une fois le travail du sol fait.

Le compost doit être incorporé dans les premiers centimètres du sol.

plantes. D'ailleurs, même si le compost est intégré dans les premiers centimètres du sol, les éléments minéraux qu'il contient seront entraînés à moyen terme vers le bas, grâce à l'action combinée des organismes du sol et de la gravité.

Le compost peut également être apporté au potager à l'automne. Cependant, il faut absolument éviter de l'appliquer sur un sol nu tôt à l'automne, c'est-à-dire sur une surface qui n'est pas en culture. Il faut comprendre que les températures encore douces du début de l'automne favorisent la libération des éléments minéraux du compost, mais ces derniers sont en quelque sorte gaspillés si aucune plante ne peut les absorber. De plus, les pluies qui sont souvent abondantes en automne occasionnent le lessivage des éléments minéraux, vers le bas des pentes et en profondeur du sol vers les nappes d'eau souterraines. Si vous tenez à appliquer le compost au potager à l'automne, deux solutions s'offrent à vous pour minimiser les pertes d'éléments minéraux. La première consiste à faire l'épandage très tard à l'automne, lorsque le sol commence à geler et que les activités des micro-organismes sont presque nulles, soit habituellement entre la mi-novembre et la mi-décembre. À la rigueur, il serait même possible de l'appliquer sur la première neige. Autrement, vous pourrez aussi utiliser le compost sans risque au potager si vous semez un engrais vert (c'est-à-dire une plante qui est destinée à être enfouie, de l'avoine par exemple) après avoir récolté vos plantes légumières. De cette façon, les éléments minéraux disponibles seront absorbés par l'engrais vert qui, une fois enfoui au printemps suivant, permettra de mettre en disponibilité ces éléments minéraux pour les cultures à venir.

DOIT-ON AJOUTER DES ENGRAIS EN PLUS DU COMPOST ?

Oui, et non. Cela dépend entre autres de la valeur fertilisante du compost qui est elle-même influencée par les matériaux de base ainsi que par la méthode de compostage utilisée.

Cela dépend aussi de la qualité du sol en place, de l'exigence des plantes et… de nos propres exigences. En fait, parce qu'on demande parfois à nos plantes des rendements extraordinaires, on doit souvent recourir à l'utilisation des engrais.

Si vous habitez sur une ferme et que vous fabriquez votre propre compost avec entre autres, le fumier de vos animaux, votre compost sera sûrement assez riche pour que vous ne soyez pas obligé d'ajouter des engrais. De la même manière, si vous pratiquez le vermicompostage, le fumier de vers produit sera suffisant pour répondre aux besoins de vos plantes d'intérieur sans que vous deviez ajouter des engrais.

Mais, dans la plupart des cas, si vous utilisez du compost commercial ou encore si vous fabriquez votre compost avec des matériaux organiques principalement de provenance végétale, il pourra être avantageux d'utiliser des engrais en complément du compost. Évidemment, dans tous les cas, votre choix devrait se porter sur des engrais naturels.

Pour déterminer la quantité approximative de compost nécessaire au potager, il faut évaluer l'exigence spécifique des plantes, mais il est aussi important de connaître la qualité du sol en place. Pour une première année, vous devrez peut-être prélever un échantillon de sol pour le faire analyser. Mais avec un peu d'expérience, vous pourrez aussi déterminer la qualité de votre sol par l'observation. De fait, la qualité du sol est directement liée à sa texture et aux apports de matières organiques antérieurs. Un sol qui contient une forte proportion de sable nécessitera des ajouts de compost plus importants que tout autre type de sol. D'une part, c'est un sol pauvre et d'autre part, la vitesse de décomposition des matières organiques y est accélérée. Ainsi, selon le type de sol et les exigences des plantes, les quantités de compost à appliquer pourront varier de quelques millimètres (sol riche, plantes peu exigeantes) jusqu'à 5 cm (sol pauvre, plantes exigeantes) comme le suggère le tableau suivant. Enfin, en plus des apports recommandés, vous pourrez aussi « gâter » certaines plantes légumières qui sont particulièrement gourmandes en ajoutant du compost directement dans le trou de plantation.

Vous trouverez dans le tableau 10 des suggestions quant à la quantité de compost à appliquer. Ces données se veulent simplement un guide et ne devraient pas être suivies scrupuleusement, puisque la qualité fertilisante est variable d'un compost à l'autre. D'ailleurs, avec l'expérience, c'est en fonction de vos propres résultats que vous pourrez évaluer la bonne dose à appliquer.

Pour certaines plantes très gourmandes, telles que les tomates, on peut ajouter du compost dans le trou de plantation.

TABLEAU 10

GUIDE DES QUANTITÉS SUGGÉRÉES DE COMPOST À APPLIQUER POUR LES PLANTES LÉGUMIÈRES ET LES VIVACES

	Sol pauvre	Sol moyen	Sol riche
Plantes exigeantes	5 à 10 kg/m^2 2,5 à 5 cm	2 à 5 kg/m^2 1 à 2,5 cm	0,5 à 2 kg/m^2 0,25 à 1 cm
Plantes moyennement exigeantes	2 à 5 kg/m^2 1 à 2,5 cm	1 à 2 kg/m^2 0,5 à 1 cm	0,5 à 1 kg/m^2 0,25 à 0,5 cm
Plantes peu exigeantes	0,5 à 1 kg/m^2 0,25 à 0,5 cm	–	–

L'UTILISATION DU COMPOST POUR LES PLATEBANDES DE VIVACES ET D'ANNUELLES

Que ce soit pour la préparation ou l'entretien des platebandes de vivaces, le compost est encore une fois un incontournable. Si vous utilisez votre propre compost, assurez-vous qu'il est bien mûr. Si vous optez plutôt pour un compost commercial, choisissez-le en fonction des différents critères détaillés dans le chapitre précédent (chapitre 6 *Les composts commerciaux*).

Pour les nouvelles platebandes, le compost devrait être incorporé en surface après le travail du sol, comme nous l'avons décrit pour les plantes légumières. Le meilleur moment pour effectuer cette opération demeure le printemps, mais il est également possible d'utiliser le compost à tout autre moment de l'année lorsque

vous aménagez de nouvelles platebandes. Il sera cependant préférable d'éviter les périodes de grosses chaleurs, puisque cette condition climatique entraîne une dégradation plus rapide des qualités fertilisantes du compost. Pour ce qui est des quantités à utiliser, vous pourrez vous inspirer des tableaux 10 et 11 qui illustrent l'exigence de quelques plantes vivaces. Mais pour en savoir davantage sur les types de sols adaptés aux plantes vivaces, vous pourrez consulter les ouvrages spécialisés cités dans la bibliographie.

PEUT-ON UTILISER TROP DE COMPOST ?

Oui, il est possible d'utiliser trop de compost et ainsi nuire à la culture des plantes. En fait, le compost ne doit pas remplacer le sol, mais l'amender. Les apports trop importants de compost peuvent être particulièrement nocifs pour les sols argileux, de même que dans la culture en pot, car ainsi ils risquent de provoquer des problèmes de drainage et par conséquent la pourriture des racines.

De plus, des quantités trop abondantes de compost peuvent avoir des effets directs sur les plantes tels que des vivaces de sol pauvre dont les tiges ploient sous le poids des fleurs, des plants de poivrons qui produisent des feuilles en abondance, mais peu de fruits, des carottes qui sont chevelues…

Le compost, c'est de l'or brun. Apprenez à l'utiliser avec circonspection là où il est vraiment utile.

TABLEAU 11
L'EXIGENCE EN COMPOST DE QUELQUES PLANTES VIVACES

Vivaces exigeantes	Vivaces moyennement exigeantes	Vivaces peu exigeantes
Astilbe (*Astilbe*), barbe-de-bouc (*Aruncus*), clématite (*Clematis*), pied-d'alouette (*Delphinium*), cœur saignant (*Dicentra*), heuchère (*Heuchera*), hosta (*Hosta*), miscanthus (*Miscanthus*), phlox des jardins (*Phlox paniculata*), primevère (*Primula*)	Ancolie (*Aquilegia*), aster (*Aster*), campanule (*Campanula*), œillet (*Dianthus*), échinacée (*Echinacea*), iris (*Iris*), lamier (*Lamium*), liatride (*Liatris*), lupin (*Lupinus*), lis (*Lilium*), lysimaque (*Lysimachia*), marguerite (*Chrysanthemum*), pavot (*Papaver*), pivoine (*Pæonia*), rudbeckie (*Rudbeckia*)	Sagine (*Arenaria*), artémise (*Artemisia*), coréopsis (*Coreopsis*), achillée (*Achillea*), deschampsie (*Deschampsia*), hémérocalle (*Hemerocallis*), lavande (*Lavandula*), monarde (*Monarda*), sédum (*Sedum*), thym (*Thymus*)

Les hostas sont des plantes exigeantes en compost.

Les échinacées sont des plantes moyennement exigeantes en compost.

Les sédums sont des plantes peu exigeantes en compost.

Pour les platebandes déjà établies, ajoutez annuellement le compost à raison de 1 à 3 kg par mètre carré (ce qui équivaut à 0,5 à 1,5 cm d'épaisseur) selon la richesse du sol et l'exigence des plantes. Cette opération devrait idéalement se faire au printemps. Cependant, si vous préférez effectuer ce travail à l'automne alors que les travaux horticoles sont moins nombreux, faites-le seulement à partir du moment où les feuilles des arbres commencent à tomber. Pour éviter de provoquer des dommages aux racines, ajoutez le compost sur les surfaces de sol et couvrez le tout d'un paillis organique. Celui-ci aura pour effet de protéger les qualités fertilisantes du compost tout en minimisant l'envahissement des plantes adventices et la perte d'eau par évaporation (voir encadré).

COMMENT AJOUTER DU COMPOST SUR UNE PLATEBANDE QUI EST RECOUVERTE DE PAILLIS ?

Le paillage est une excellente pratique pour la plupart des plantes. Il s'agit en quelque sorte de compostage de surface, puisque tout en se décomposant, le paillis ajoute de la matière organique au sol, comme le fait le compost. Selon les matériaux avec lesquels il est constitué, le paillis apportera de la matière organique et des éléments minéraux en quantité variable; c'est pourquoi vous devrez dans certains cas continuer les applications annuelles ou bisannuelles de compost.

Selon le type et la quantité de paillis que vous avez utilisé initialement, vous remarquerez que celui-ci sera plus ou moins décomposé après un, deux ou trois ans. Lorsque viendra le moment d'ajouter du compost, il sera sage de tasser d'abord le paillis restant vers le fond de la platebande, d'ajouter le compost sans l'enfouir et de mettre à nouveau du paillis sur le tout.

L'UTILISATION DU COMPOST POUR LA PELOUSE

Le secret d'une pelouse vigoureuse et en santé repose en très grande partie sur la qualité du sol qui la supporte. Et lorsque l'on songe à un sol de qualité, la matière organique est primordiale. C'est pourquoi le compost demeure l'amendement organique par excellence, que ce soit pour l'installation ou l'entretien de la pelouse.

Lors de l'installation d'une nouvelle pelouse, ne lésinez pas sur la qualité du sol. Si vous achetez de la terre et que celle-ci ne contient pas déjà de compost, vous devrez en ajouter avant de procéder au semis ou à l'installation de gazon en plaques. De la même manière, si vous utilisez la terre qui est en place (ce qui est avantageux si elle est de qualité), ajoutez-y du compost. Dans la plupart des cas, un apport variant entre 1 et 2,5 cm (2 à 5 kg / m^2) selon la qualité du sol sera satisfaisant.

Pour les pelouses déjà établies, un terreautage au compost (application d'une mince couche de compost à la surface) donnera des résultats probants. Cette technique est efficace pour toutes les pelouses, mais elle est particulièrement intéressante pour redonner de la vigueur à une pelouse dont le sol est dénaturé parce qu'elle a été entretenue avec des pesticides et des engrais chimiques. La fréquence du terreautage de la pelouse peut être variable. En fait, ceux qui ne craignent pas le travail (le terreautage demeure une pratique passablement ardue) et le coût (si un compost commercial est utilisé) procéderont au terreautage au compost annuellement. Mais dans la plupart des cas, un terreautage aux deux ou trois ans donne des résultats très satisfaisants. D'ailleurs, pour répartir le travail et l'investissement, songez à

Le terreautage au compost redonne de la vigueur à la pelouse.

répartir le terreautage de tout votre terrain sur trois ou quatre ans. Vous pourrez également concentrer votre traitement sur les sections de pelouse que vous désirez privilégier (en façade par exemple). Bien qu'il ne s'agisse pas d'un engrais comme tel, le compost répond aux besoins de la pelouse en matière de fertilisation, et ce, surtout si vous pratiquez l'herbicyclage. C'est donc dire que vous n'aurez pas à ajouter de l'engrais sur les secteurs de pelouse qui auront reçu du compost.

Si vous utilisez votre compost, assurez-vous de ne pas y avoir introduit de graines de plantes adventices et utilisez essentiellement un compost qui est parfaitement décomposé. Idéalement, tamisez-le afin qu'il soit bien fin et pénètre rapidement au travers des brins de gazon. Pour la même raison, si vous optez pour un compost commercial, choisissez-en un qui a une texture fine, qui ne contient pas de particules grossières et qui n'est pas trop humide, car autrement, l'application sera ardue.

Les meilleures périodes pour procéder au terreautage au compost de la pelouse sont le printemps et l'automne, après l'aération si celle-ci est requise. Si vous effectuez le terreautage à la fin du printemps, vous pourrez en profiter pour faire du même coup un surensemencement, en mélangeant simplement des semences de gazon à votre compost avant de l'appliquer. L'automne offre aussi plusieurs avantages.

CALCUL DE LA QUANTITÉ DE COMPOST À APPLIQUER

Voici une méthode rapide pour calculer la quantité de compost à appliquer. Considérant qu'un sac de compost pèse en moyenne 15 kg, si vous désirez appliquer 1 kg de compost par mètre carré, vous pourrez couvrir quinze mètres carrés avec un sac. Une fois que vous aurez mesuré la surface à couvrir, il vous suffira de diviser la valeur obtenue par 15. Par exemple, si vous désirez couvrir une surface de 120 mètres carrés, vous aurez besoin de huit sacs (120 ÷ 15 = 8).

Si vous optez pour la dose de 0,5 kg par mètre carré, il vous faudra deux fois moins de sacs de compost, soit quatre sacs.

Après le terreautage, utilisez un balai à feuilles pour étendre uniformément le compost et relever les brins de gazon.

Premièrement, il s'agit d'une période où le développement des racines est particulièrement actif. De plus, les pluies d'automne contribuent à faire pénétrer le compost plus rapidement dans le sol. Par contre, pour les terrains à forte pente, un terreautage automnal n'est pas souhaitable, car ainsi le compost risque de se retrouver tôt ou tard au bas de la pente.

Pour le terreautage d'une pelouse établie, des apports annuels de 0,5 à 1 kg / m^2 ou une épaisseur de 0,25 à 0,5 cm selon la qualité du sol sont largement suffisants (voir encadré). Ne soyez pas tenté d'augmenter les doses suggérées, car vous risqueriez ainsi de favoriser la présence des plantes adventices au détriment des plantes à gazon.

Il existe trois options pour procéder au terreautage du compost. La première, qui est accessible à tous, consiste à épandre le compost à la volée à l'aide d'une pelle, puis à l'étendre uniformément à l'aide d'un balai à feuilles.

Si vous trouvez cette première option trop laborieuse, sachez que certaines jardineries mettent à la disposition de leurs clients des petits terreauteurs de compost. Enfin, certains professionnels de l'entretien des pelouses opteront pour un terreauteur mécanisé.

Dans tous les cas, il est souhaitable que le compost ne demeure pas en suspension sur les brins de gazon, mais qu'il atteigne le plus rapidement possible le sol. Ainsi, même si vous utilisez un terreauteur, vous aurez avantage à passer un balai à feuilles tout de suite après l'application du compost. D'ailleurs, cette

Terreauteur domestique.

Terreauteur professionnel.

opération aura également pour but de relever les brins de gazon. Enfin, prenez soin de l'environnement en planifiant le terreautage de votre pelouse avant une pluie. Autrement, si aucune pluie n'est prévue dans les 24 heures suivant le traitement, vous devrez arroser.

L'UTILISATION DU COMPOST POUR LES ARBRES ET LES ARBUSTES

À la base des arbres, le compost devrait être recouvert de paillis.

Le compost devrait être utilisé à la fois pour la plantation et l'entretien des arbres et des arbustes et parfois comme paillis (voir encadré). La majorité des composts conviennent à cette utilisation. D'ailleurs, pour l'entretien, même un compost relativement jeune pourra être utilisé, mais il ne devra pas être incorporé dans le sol.

Lors de la plantation des arbres et des arbustes, le compost devrait être mélangé à la terre provenant du trou à raison d'une partie de compost pour deux parties de terre si celle-ci est de qualité. Sinon, vous pourrez utiliser un mélange constitué de 1/3 de compost, 1/3 de terre provenant du trou et 1/3 de terre commerciale.

Pour les arbres et les arbustes déjà établis, un apport de 5 à 10 kg/m^2 ou 2,5 à 5 cm appliqués à la base aux deux ans sera la plupart du temps tout à fait adéquat. Le compost peut être incorporé très légèrement (attention aux racines)

LE COMPOST PEUT-IL ÊTRE UTILISÉ EN TANT QUE PAILLIS ?

Oui et non. En fait, cela peut être intéressant d'utiliser du compost jeune à la base des arbres afin qu'il poursuive sa décomposition, mais dans la majorité des autres cas, le compost n'est pas le meilleur choix par rapport aux autres paillis organiques. L'une des raisons est que le compost peut devenir un milieu de culture idéal pour la germination des graines de plantes adventices. De plus, lorsqu'il n'est pas recouvert, le compost risque de perdre ses qualités fertilisantes (l'azote est volatil sous certaines formes). Dans un jardin déjà aménagé, la meilleure pratique consiste à appliquer le compost et à le recouvrir d'un paillis organique (bois raméal fragmenté, paillis de cèdre, paillis de cacao, etc.).

ou simplement déposé à la surface, mais dans tous les cas, l'ajout d'un paillis organique (paillis de cèdre, feuilles déchiquetées, bois raméal fragmenté, etc.) sur le compost devrait être un incontournable. D'ailleurs, en se décomposant, certains paillis (tel le bois raméal fragmenté) pourront prendre littéralement la relève du compost pour amender le sol.

Rappelez-vous que, tout comme pour les vivaces, il vaut mieux s'abstenir d'appliquer du compost à la base des arbres et des arbustes entre le début du mois d'août et la tombée des feuilles. Cela évitera de compromettre le processus d'aoûtement, ce qui pourrait occasionner des dommages durant l'hiver.

L'UTILISATION DES COMPOSTS POUR LA CULTURE EN POT ET EN JARDINIÈRE

Si vous cultivez des fleurs ou des plantes légumières en pot ou en jardinière à l'extérieur, vous devriez prendre la bonne habitude de mélanger du compost avec votre terreau commercial, si celui-ci n'en contient pas déjà. Pour ce faire, utilisez une partie de compost commercial de qualité (voir chapitre 6 *Le compost commercial*) ou de compost domestique bien mûr pour trois parties de terreau. Profitez-en pour ajouter un engrais granulaire naturel qui répond aux besoins des cultures choisies. Dans tous les cas, vous ne devriez pas excéder 30 % de compost dans votre mélange, car autrement vous pourriez constater des problèmes de drainage.

Surtout, n'allez pas jeter vos terreaux à la fin de l'été puisque vous pourrez les récupérer pour la saison suivante. Pour cela, videz vos contenants dans des sacs à poubelles et entreposez le terreau ainsi récupéré durant l'hiver. Au printemps suivant, ajoutez directement dans le sac une partie de compost pour trois parties de terreau ainsi que des engrais naturels et mélangez le tout. Votre terreau sera prêt à accueillir vos plantes pour une nouvelle saison.

L'UTILISATION DU COMPOST POUR LES PLANTES D'INTÉRIEUR ET LES SEMIS

Si vous prenez l'habitude d'intégrer du compost à vos terreaux de plantes d'intérieur et de semis, vous en apprécierez les effets positifs sur vos plantes puisqu'elles seront beaucoup plus vigoureuses.

Pour cet usage, le meilleur choix demeure le vermicompost. Si vous pratiquez le vermicompostage (voir chapitre 5), vous aurez le loisir d'utiliser votre vermicompost (le fumier de vers, en réalité) pour vos semis et vos plantes d'intérieur. Autrement, rassurez-vous, vous pourrez en trouver en jardinerie.

En deuxième choix, un compost commercial de qualité peut être utilisé. Puisque celui-ci peut amener des petites mouches dans la maison qui, sans être vraiment nuisibles, sont dérangeantes, un traitement préalable au froid est souhaitable (voir encadré).

Quant au compost domestique, cela demeure un choix discutable à l'intérieur. Il faut savoir que dans le compost domestique il y a un ensemble d'organismes qui cohabitent parfaitement à l'extérieur. Parmi eux, des bestioles qui s'attaquent aux plantes, mais également les prédateurs qui les contrôlent. Une fois le compost entré à l'intérieur, il est difficile de prévoir quels sont exactement les organismes qu'on aura introduits. Ainsi, vous risquez d'entrer des ravageurs qui pourraient causer préjudice à vos plantes. Si vous tenez à utiliser votre compost domestique à l'intérieur, assurez-vous qu'il a subi une phase thermophile adéquate ou du moins, qu'il soit « vieux » de deux ans. Pour plus de sécurité, vous pourrez le traiter à la chaleur (encadré ci-contre).

Si vous utilisez un terreau commercial et que celui-ci est constitué principalement de tourbe de sphaigne, incorporez-y du compost pour un maximum de 30 % du volume total. Attention, certains terreaux contiennent déjà une

TRAITEMENT DU COMPOST COMMERCIAL AU FROID

Laissez le sac de compost à l'extérieur durant l'hiver durant au moins une semaine à des températures inférieures à 0 °C.

TRAITEMENT DU COMPOST DOMESTIQUE À LA CHALEUR

Placez le compost dans une lèchefrite et mettez le tout au four à 170 °F (75 °C) durant une heure. Et ne soyez pas surpris de l'odeur forte, mais heureusement passagère, qui pourrait survenir durant ce traitement…

bonne proportion de compost (si ce n'est déjà fait, prenez la bonne habitude de lire les étiquettes). Dans ce cas, il vaudra mieux s'abstenir d'en ajouter afin de ne pas alourdir inutilement le terreau.

Vous pourrez aussi choisir de faire vos propres terreaux. Optez alors pour l'une ou l'autre des recettes révélées dans l'encadré.

Pour l'entretien annuel de vos plantes d'intérieur, ajoutez une mince couche de compost (idéalement du vermicompost) en surface (1 à 2 cm) et incorporez-le dans le terreau à l'aide d'une fourchette. Vous pourrez procéder de cette façon jusqu'à ce qu'un rempotage soit justifié (habituellement lorsque les racines sont abondantes en périphérie, près des parois du pot).

LES TERREAUX ARTISANAUX

Terreaux à semis

3 parties de compost, 6 parties de vermiculite, 1 partie de sable

Terreaux de transplantation des semis

5 parties de compost, 4 parties de vermiculite, 1 partie de sable

Terreaux de plantes d'intérieur

1 partie de compost, 2 parties de terre à jardin (traitée à la chaleur), 1 partie de sable ou de vermiculite

Pour les semis, utilisez de préférence un compost de qualité ou le vermicompost.

Pour les plantes d'intérieur, ajoutez le compost en surface et intégrez-le à l'aide d'une fourchette.

CHAPITRE 8

LE THÉ DE COMPOST :

À LA SANTÉ DE VOS PLANTES

Le thé de compost est un extrait issu de la macération du compost dans l'eau durant une certaine période. Il en existe deux types : le thé de compost non oxygéné, appelé aussi le purin de compost, et le thé de compost oxygéné. C'est une excellente pratique pour tirer des bénéfices supplémentaires du compost. Mais dans les deux cas, il ne s'agit pas d'un substitut au compost, mais plutôt d'un complément. Le thé de compost est particulièrement bénéfique lorsqu'il est apporté en milieu de saison aux plantes légumières qui ont des exigences élevées en fertilisation.

Le purin de compost (thé de compost non oxygéné) résulte d'un simple trempage du compost dans l'eau. Il contient des éléments nutritifs, mais peu de micro-organismes.

Quant au thé de compost oxygéné, il est obtenu à partir de la macération du compost dans l'eau en condition aérobie. Il est riche en éléments nutritifs et en micro-organismes. Bien qu'il demande plus d'effort, le thé de compost oxygéné possède de nombreux bénéfices.

Tous les types de compost peuvent être utilisés pour faire des thés de compost, mais ceux qui ont une haute valeur fertilisante, comme le vermicompost et les composts faits de fumier, sont les plus intéressants.

LE THÉ DE COMPOST NON OXYGÉNÉ (PURIN DE COMPOST)

Pour préparer un purin de compost, vous devrez :

- Faire macérer une partie de compost dans deux parties d'eau durant deux à trois jours (1).

- Brasser quotidiennement (2).
- Conserver le couvercle entre les brassages (3).
- Filtrer grossièrement le purin et le transférer dans un arrosoir.
- Appliquer le purin sur le sol à la base des plantes.

LE THÉ DE COMPOST OXYGÉNÉ

Le thé de compost oxygéné implique l'utilisation d'un système qui produit de l'air. Certains dispositifs sont commercialisés à cet effet, mais vous pourrez confectionner facilement votre propre système avec quelques articles, dont une petite pompe d'aquarium, en respectant les instructions qui suivent.

COMMENT FAIRE LE THÉ DE COMPOST OXYGÉNÉ

Pour faire le thé de compost oxygéné vous aurez besoin de :

- deux seaux de plastique d'une capacité de 20 litres;
- 8 à 10 litres d'un compost mûr de qualité;
- 20 litres d'eau la plus pure possible. Utilisez de préférence de l'eau provenant d'un puits ou de l'eau de pluie. Autrement, si vous utilisez de l'eau du robinet, faites reposer celle-ci durant 24 heures en brassant régulièrement afin que le chlore s'évapore;
- une pompe d'aquarium ayant une capacité minimale de 20 litres;
- un système à trois ou quatre valves (vendu pour les aquariums);
- un tuyau d'aquarium ayant une longueur de deux mètres;
- plusieurs sections d'étamine de coton (*coton à fromage*);

- des pinces à linge;
- 30 ml de mélasse (bio de préférence). La mélasse est utile comme source d'énergie pour encourager la multiplication de micro-organismes. D'autres ingrédients peuvent également être utilisés, comme du miel, du sirop, du sucre naturel.

Voici comment procéder.

- Rassemblez tout le matériel (1).
- Transvidez le compost dans un seau vide (2).
- Ajoutez l'eau (photo 3) jusqu'à 5 cm du bord (4).
- Installez le système de valves sur le bord du seau (5).
- Placez la pompe au sol et mesurez le tube afin que celui-ci soit assez long pour relier la pompe et le système de valves (6).

1

2
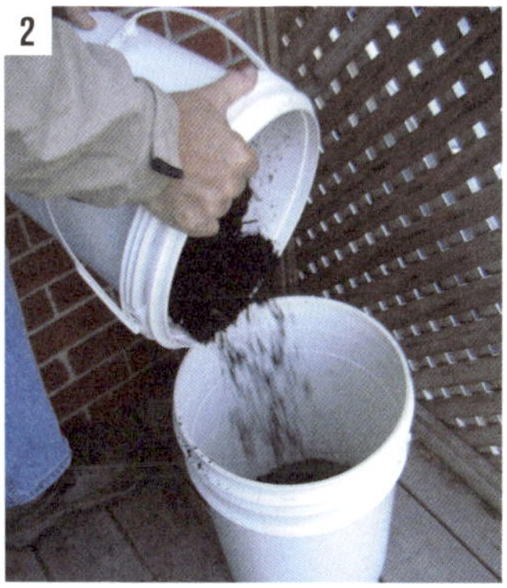

3

4

5
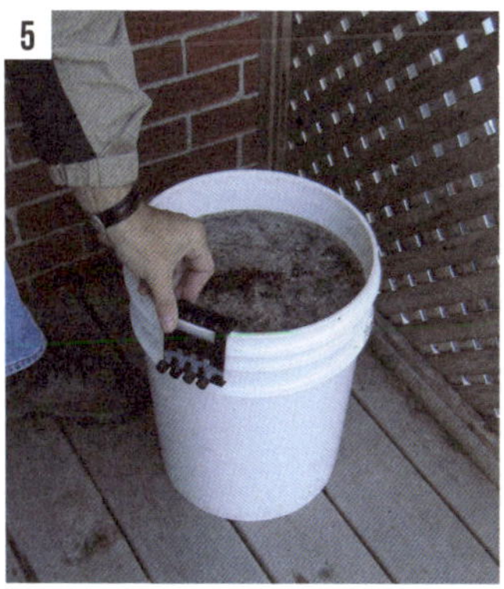

6
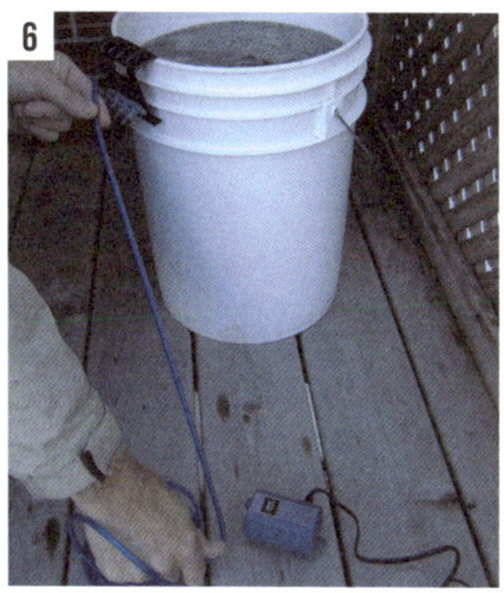

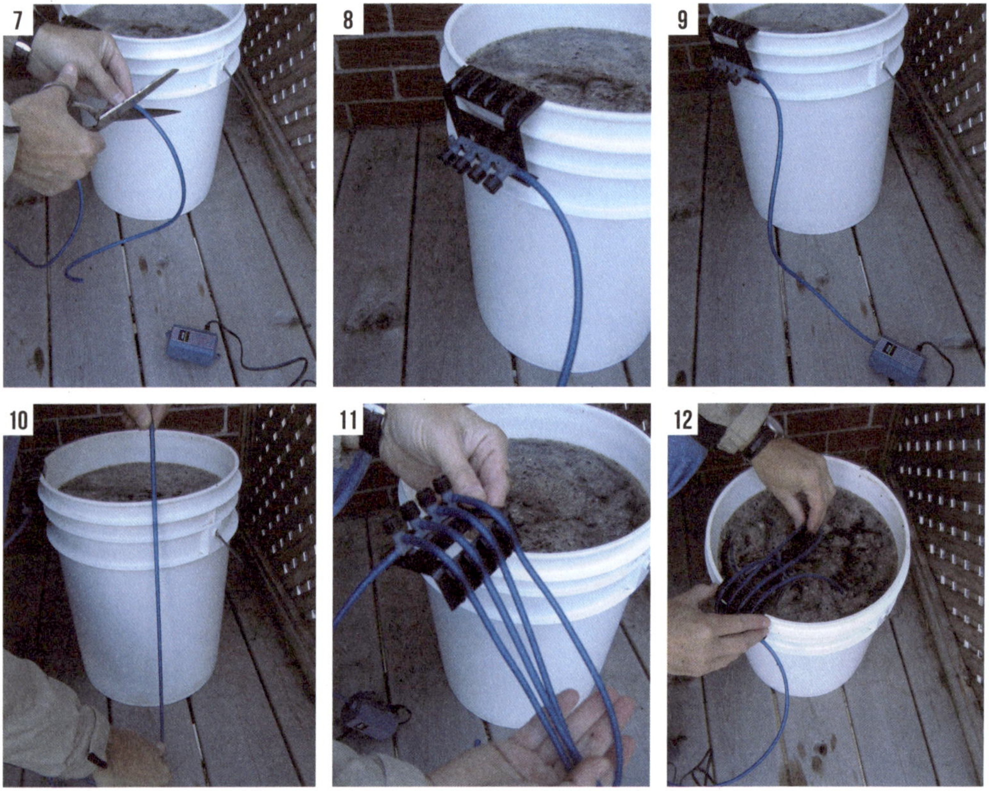

- Coupez le tube (7).
- Branchez le tube sur le système de valves (8).
- Branchez le tube sur la pompe (9).
- Mesurez la longueur qui sépare le système de valves du fond du seau à l'aide d'un premier tube et coupez trois ou quatre sections de la même longueur (selon le nombre de valves) (10).
- Branchez les tubes sur le système de valves (11).
- Répartissez les tubes dans le contenant de façon que les extrémités des tubes soient insérées dans le compost (12).

13

14

15

16

17

18

- Ajoutez la mélasse (13).
- Ouvrez les valves et mettez la pompe en marche (14).
- Laissez « mijoter » le tout (15).
- Retirez les tubes après 24 heures, brassez le tout, puis replacez les tubes dans le compost (16).
- Enlevez les tubes après 48 heures (17).
- Préparez 3 ou 4 épaisseurs d'étamine (18).

19

20

21

22

23

- Placez l'étamine sur le dessus d'un seau vide et retenez-la en place à l'aide des pinces à linge (19).
- Filtrez le thé de compost (20).
- Transvidez le thé dans un arrosoir (21); il est prêt pour utilisation au sol.
- Filtrez de nouveau au besoin (22) pour utilisation dans un pulvérisateur.
- Transvidez le thé dans un pulvérisateur; il est prêt à être pulvérisé sur le feuillage (23).

Note: Cette technique a été largement inspirée de Ebeling, 2003.

LES BÉNÉFICES DU THÉ DE COMPOST OXYGÉNÉ

L'utilisation du thé de compost oxygéné permet :

- l'amélioration de la croissance des plantes;
- la diminution des maladies des plantes, car les micro-organismes bénéfiques entrent en compétition avec les micro-organismes pathogènes;
- une meilleure absorption des nutriments;
- la réduction de l'emploi de pesticides et par ricochet, les dépenses et les effets pervers associés à de tels produits.

L'UTILISATION DU THÉ DE COMPOST OXYGÉNÉ

Le thé de compost peut être utilisé en arrosage au sol ou en pulvérisation foliaire.

Le traitement au sol permet d'apporter des éléments minéraux aux organismes s'y trouvant, de créer une barrière biologique autour des racines, d'améliorer la structure du sol et enfin, d'activer la décomposition des résidus organiques.

La pulvérisation foliaire est particulièrement utile pour prévenir les maladies des feuilles. Le thé fournit aussi des nutriments directement assimilables par le feuillage et permet une meilleure résistance à l'attaque des insectes ravageurs.

LA CONSERVATION DES THÉS DE COMPOST

Les thés de compost doivent être utilisés immédiatement après leur fabrication. Cela est particulièrement important dans le cas du thé de compost oxygéné, car les micro-organismes bénéfiques qu'il contient meurent rapidement lorsqu'ils sont privés d'oxygène. Si vous ne pouvez pas utiliser totalement votre thé de compost au jardin dans les heures qui ont suivi sa fabrication, arrosez-en votre tas de compost. Il servira en quelque sorte d'activateur.

ANNEXE

PLAN DE CONSTRUCTION :

LE COMPOSTEUR DOUBLE LM

Même si vos talents de bricoleur sont limités, le plan et la méthode détaillés pour construire un composteur double en bois vous permettront d'y arriver sans problème.

Le composteur double LM comporte deux compartiments séparés par un grillage métallique, ayant chacun une capacité de 16 pi^3 (0,45 m^3)[1]. Il s'agit d'une capacité située à mi-chemin entre celle de la plupart des composteurs domestiques commerciaux qui ont en moyenne 10 pi^3 (0,3 m^3) et la capacité recommandée pour le compostage de moyen volume qui est de 35 pi^3 (1 m^3). Il correspond au besoin d'une famille de quatre personnes ayant un terrain de grandeur moyenne. Le coût de cette construction peut varier de 100 $ à 180 $ selon l'essence de bois choisie.

Les étapes de construction de ce composteur sont détaillées dans les pages suivantes. Les photos des pages 231 et 232 complètent les illustrations.

CARACTÉRISTIQUES DU COMPOSTEUR DOUBLE LM

- longueur : 63 po (160 cm);
- largeur : 31 ½ po (80 cm);
- hauteur à l'arrière : 33 ½ po (85 cm);
- hauteur à l'avant : 29 ¾ po (75,5 cm) pour les planches horizontales et 30 po (76 cm) pour les montants;

1. Le système de mesure impérial est utilisé ici en priorité puisque les matériaux sont vendus de cette façon en Amérique du Nord.

- capacité totale: 32 pi^3 (0,9 m^3);
- les deux compartiments sont indépendants et comportent chacun un couvercle et une porte d'accès sur le devant;
- les portes d'accès s'insèrent à l'intérieur de la planche du bas. Elles sont retenues par le haut à l'aide de trois petits blocs de bois (les loquets), soit un de chaque côté et un au centre qui retient les deux portes;
- les couvercles sont légèrement inclinés vers l'avant et les planches sont disposées dans le sens de la pente pour faciliter l'égouttement. De plus, elles sont accolées les unes aux autres pour une étanchéité maximale;
- les planches de l'arrière, des côtés et du devant sont espacées de ¼ po (0,64 cm);
- pour une solidité maximale, l'utilisation de vis a été préférée aux clous.

MATÉRIEL NÉCESSAIRE

- 26 planches de cèdre blanc[2] ou d'épinette de 1 po × 4 po × 8 pi[3] (2,5 cm × 10 cm × 2,4 m);
- 4 pièces de cèdre blanc ou d'épinette de 2 po × 2 po × 8 pi (5 cm × 5 cm × 2,4 m) pour la structure;
- 115 vis à cèdre ou à plateforme[4] de 2 po (5 cm) pour visser les planches contre les pièces de structure;
- 90 vis à cèdre ou à plateforme de 1 ¼ po (3 cm) pour visser les planches contre les planches;
- 4 charnières de 2 po à 3 po (5 cm à 7,5 cm) de largeur;
- 24 vis de ¾ po (1,9 cm) en acier galvanisé pour fixer les charnières;
- Une pièce de grillage métallique (maille de fer galvanisé soudé) de 29 ½ po × 29 ½ po (75 cm × 75 cm) dont les mailles ont des côtés de ½ po (1,27 cm).

---

2. Pour la disponibilité du cèdre blanc, recherchez les coordonnées des scieries de votre région.
3. Les mesures réelles des planches 1 po × 4 po (2,5 cm × 10 cm) sont de ¾ po × 3 ½ po (1,9 cm × 8,9 cm) tandis que celles des pièces 2 po × 2 po (5 cm × 5 cm) sont de 1 ½ po × 1 ½ po (3,8 cm × 3,8 cm).
4. Dans ces cas, les «vis à cèdre» ou à «plateforme», qui sont habituellement vendues pour la construction des patios, ont été préférées aux vis en acier galvanisé, car ces dernières ne sont souvent pas disponibles en grandes quantités; de plus, elles sont coûteuses.

DÉBITAGE ET CONSTRUCTION

ÉTAPE N° 1 – LE DÉBITAGE DES PIÈCES DE STRUCTURE

Pour faciliter la compréhension, nous avons numéroté les 12 pièces de structure. Voir la figure 1 « L'intérieur du composteur, vu du haut ».

Débitez les pièces de bois de 2 po × 2 po × 8 pi (5 cm × 5 cm × 2,4 m) et numérotez-les de la façon suivante :

- 5 pièces de 30 po (76,2 cm) qui deviendront les montants n°s 1, 2 et 4 et les traverses n°s 11 et 12;
- 4 pièces de 27 po (68,6 cm) qui deviendront les montants n°s 3 et 7 et les traverses n°s 9 et 10;
- 3 pièces de 33 po (83,8 cm) qui deviendront les montants n°s 5, 6 et 8.

FIGURE 1
L'intérieur du composteur (vue du haut)

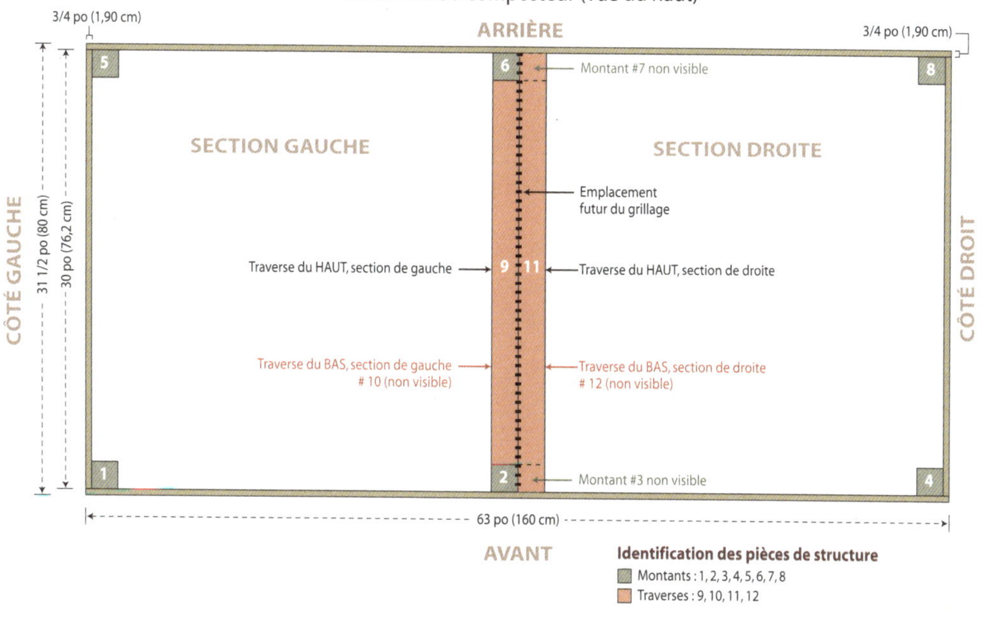

ÉTAPE N° 2 – LA SECTION ARRIÈRE

Débitez les planches de 1 po × 4 po × 8 pi (2,5 cm × 10 cm × 2,4 m) de la façon suivante :

- 9 planches de 63 po (160 cm) de longueur.

Vissez les planches sur les deux montants des extrémités (n° 5 et n° 8) en les espaçant de ¼ po (0,64 cm) et en laissant un espace de ½ po (1,27 cm) entre l'extrémité supérieure des montants et le dessus de la dernière planche tout en respectant l'espace de ¾ po (1,9 cm) aux extrémités (cet espace correspond à l'épaisseur des planches des côtés qui seront vissées plus tard). Utilisez deux vis par planche pour celles du haut, du bas et du centre et une vis par planche pour les 6 autres.

Vissez les planches sur le montant n° 6 de façon que ce dernier soit aligné au centre des planches, soit à 31 ½ po (80 cm) à partir de l'extrémité droite des planches (photo n° 1, page 231).

FIGURE 2
Section arrière (vue de l'extérieur)

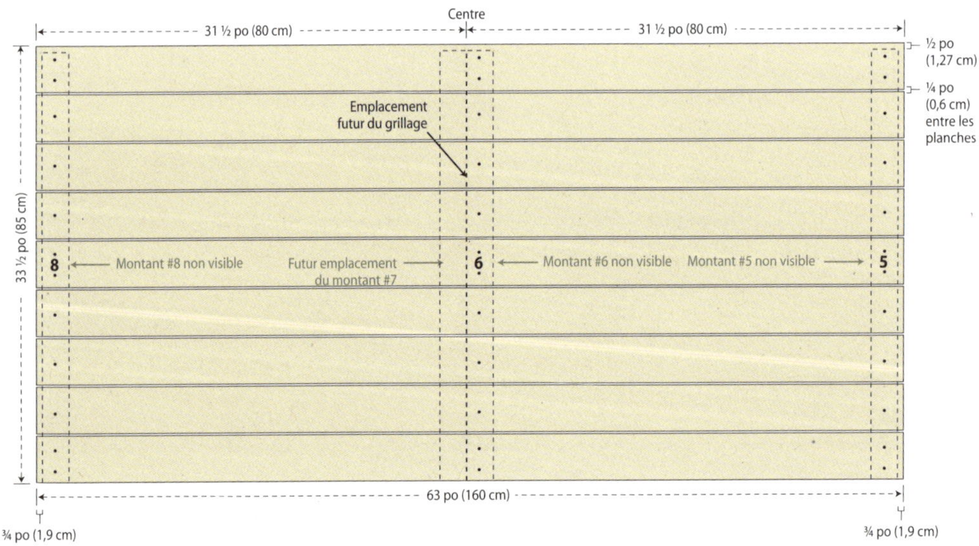

ÉTAPE N° 3 – LA SECTION AVANT SANS LES PORTES D'ACCÈS

Débitez les planches de 1 po × 4 po × 8 pi (2,5 cm × 10 cm × 2,4 m) de la façon suivante :

- 2 planches de 63 po (160 cm), soit une planche pour le haut et une planche pour le bas;
- 3 petits blocs de 4 po (10 cm), en réalité 3 ½ po (8,9 cm) sur 1 ¾ po (4,45 cm). Ceux-ci serviront de loquets pour les portes d'accès.

Vissez les planches du haut et du bas aux montants n° 1 et n° 4 à ¾ de pouce (1,9 cm) des extrémités en utilisant deux vis par planche, en faisant dépasser de 1/4 po (0,6 cm) les montants de la dernière planche du haut.

Vissez le montant n° 2 de façon que ce dernier soit aligné au centre des planches, soit à 31 ½ po (80 cm) à partir de l'extrémité gauche des planches.

Vissez les deux loquets des extrémités comme indiqué sur la figure 3. Conservez le loquet du centre (photo n° 2, page 231).

FIGURE 3
Section avant du composteur (sans les portes, vue de l'extérieur)

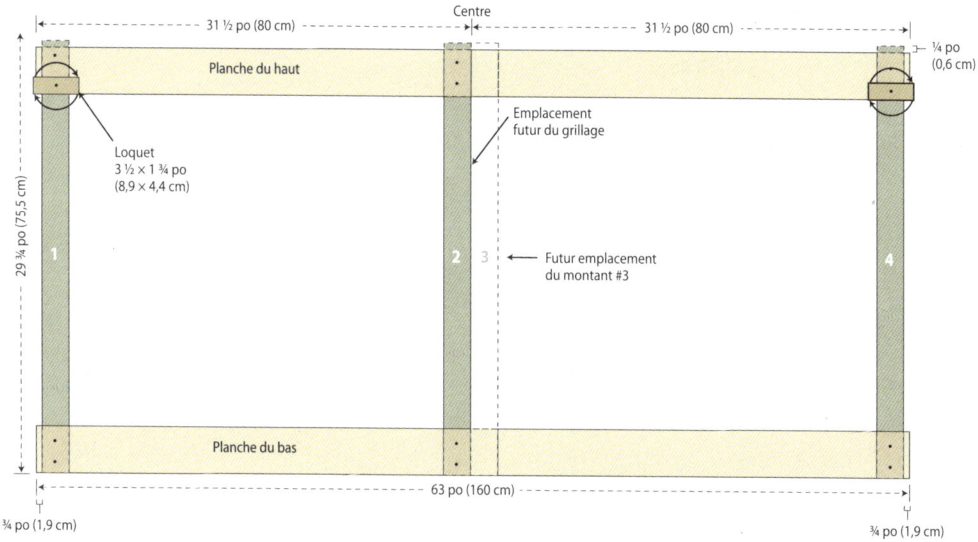

ÉTAPE N° 4 – LES DEUX PORTES D'ACCÈS DE L'AVANT

Les deux portes d'accès de l'avant sont constituées de 6 sections de planches. Afin que les planches des deux sections soient alignées, nous avons d'abord traité ces dernières comme un bloc. Celui-ci sera ensuite scié en deux. Débitez les planches de 1 po × 4 po × 8 pi (2,5 cm × 10 cm × 2,4 m) de la façon suivante :

- 6 planches de 63 po (160 cm);
- 4 planches de 24 ¾ po (62,9 cm) qui serviront de traverses;
- 4 mini-blocs de 3 ½ po × ¾ po × ¼ po (8,9 cm × 1,9 cm × 0,63 cm).

Découpez deux poignées de 4 po (10 cm) de longueur et de ½ po (1,27 cm) de largeur sur le côté inférieur de la première planche comme il est indiqué sur le plan. Disposez les 6 planches sur le sol en les espaçant de ¼ po (0,63 cm) et vissez les montants comme l'indique la figure 4. Sciez le bloc de planches en plein centre pour obtenir les deux portes (photo n° 3, page 231). Clouez un mini-bloc de bois sur la planche du bas vis-à-vis de chacune des traverses. Cela servira à conserver l'espace de ¼ po (0,63 cm). Insérez les portes dans la section avant (photos nos 4 et 5, page 231).

FIGURE 4
Les deux portes d'accès de l'avant (vue de l'intérieur)

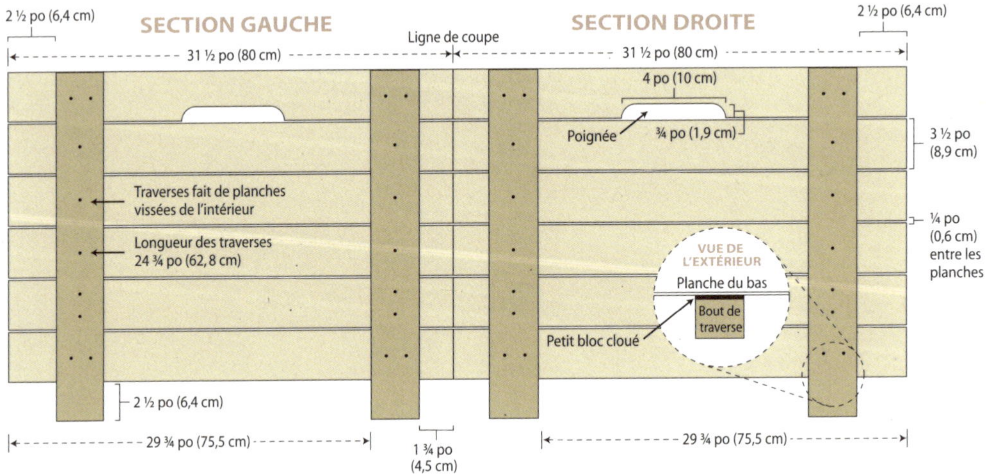

ÉTAPE N° 5 – L'ASSEMBLAGE DE L'AVANT ET DE L'ARRIÈRE À L'AIDE DES PLANCHES DES CÔTÉS

Débitez les planches de 1 po × 4 po × 8 pi (2,5 cm × 10 cm × 2,4 m) de la façon suivante :

- 17 planches de 30 po (76,2 cm).

Vissez par l'extérieur 8 planches de chacun des deux côtés. Un coté sur les montants 1 et 5 (avant et arrière) et l'autre côté sur les montants 4 et 8 (avant et arrière) en les espaçant de ¼ po (0,63 cm), en utilisant des vis de 2 po (5 cm) (figure 5).

Pour les deux côtés :

- Clouez un petit bloc de bois de ¼ po × ¾ po × 9 po (0,63 cm × 1,9 cm × 23 cm) à l'extrémité avant de la planche du dessus. Ce dernier servira à conserver l'espace de ¼ po (0,63 cm) et à fixer la planche suivante coupée en diagonale.
- En utilisant une planche de 30 po (76,2 cm), coupez celle-ci en deux en diagonale et installez ensuite la section de planche coupée en diagonale en vissant la partie arrière plus large sur le montant arrière et la partie avant verticalement à travers le petit bloc de bois (photos nº 6, page 231, et nº 7, page 232).

FIGURE 5

Côté gauche du composteur

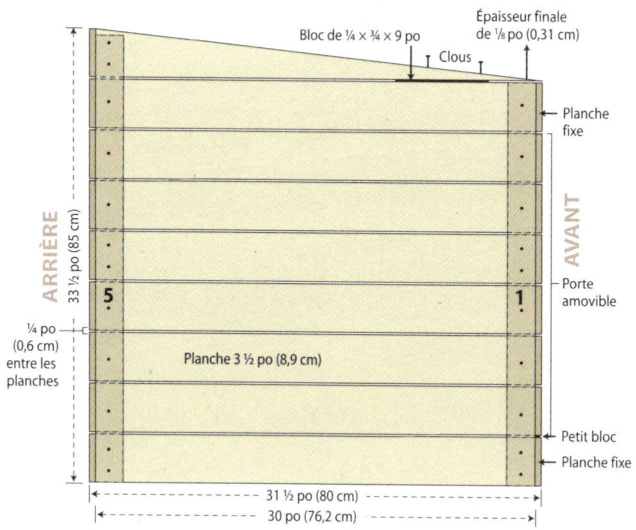

ÉTAPE N° 6 – L'INSTALLATION DU GRILLAGE MÉTALLIQUE

Vissez les traverses horizontales n° 9 en haut et n° 10 en bas comme l'indique la figure 6 (au besoin, revoyez la figure 1).

Fixez le grillage progressivement en vissant la traverse n° 12 sur la traverse n° 10. Puis, fixez les montants n° 3 et n° 7, respectivement sur les montants n° 2 et n° 5. Finalement, fixez la traverse 11 sur la traverse 9. Au besoin, recoupez le grillage métallique.

Installez le troisième loquet au centre du composteur (photo n° 8, page 232).

FIGURE 6
Vue en coupe latérale, centre du composteur

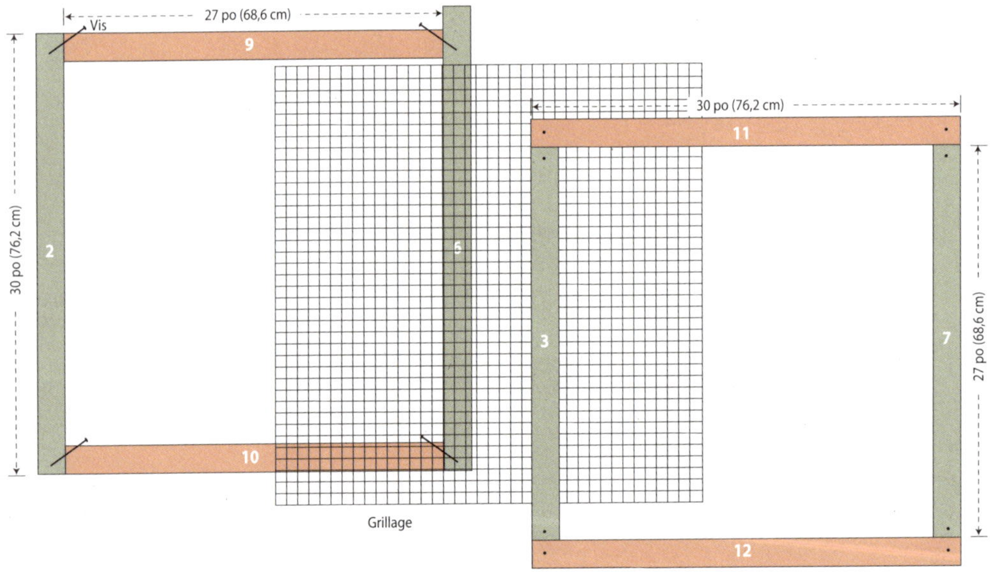

ÉTAPE N° 7 – LA FABRICATION ET L'INSTALLATION DES COUVERCLES

Débitez les planches de 1 po × 4 po × 8 pi (2,5 cm × 10 cm × 2,4 m) de la façon suivante :

- 18 planches de 32 po (81,3 cm);
- 4 planches de 29 po (73,7 cm) qui serviront de traverses.

  Pour chacun des deux couvercles, procédez de la façon suivante :

- Placez 9 planches ayant une longueur de 32 po (81,3 cm) en les accolant les unes aux autres sur le sol. Disposez les deux planches qui serviront de traverses et vissez-les par l'intérieur du couvercle comme indiqué sur le plan (figure 7) (photo n° 9, page 232).
- À l'aide des vis de ¾ po (1,9 cm), vissez d'abord les charnières sur les couvercles, puis sur la section arrière du composteur (photo n° 10, page 232).

FIGURE 7
Les couvercles (vue de l'intérieur)

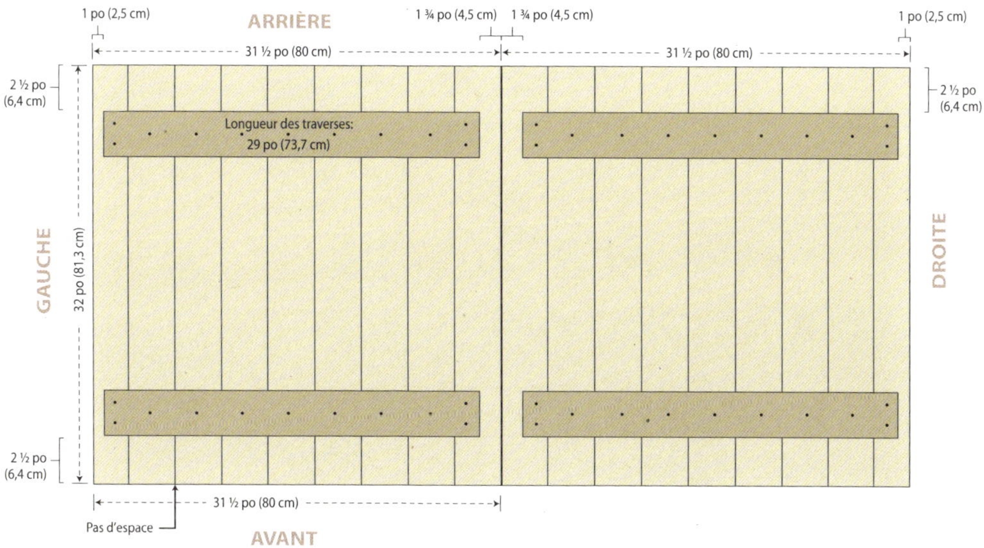

ÉTAPE N° 8 – LA POSE DE DEUX BRAS DE SOUTIEN POUR CHACUN DES COUVERCLES

Débitez les planches de 1 po × 4 po × 8 pi (2,5 cm × 10 cm × 2,4 m) de la façon suivante :

- une section de 26 po (66 cm) de longueur (qui sera recoupée en deux dans le sens de la longueur pour obtenir deux sections de 26 po (66 cm) sur 1 ½ po (3,8 cm);
- une section de 4 po (10 cm) de longueur qui sera recoupée en deux dans le sens de la longueur pour obtenir deux sections de 4 po (10 cm) sur 1 ½ po (3,8 cm).

Vissez lâchement les bras de soutien à l'intérieur des parois latérales vers l'avant du composteur sur la première planche complète des deux côtés du composteur.

Vissez les blocs qui servent à supporter les bras de soutien à l'intérieur des parois latérales vers l'arrière du composteur (figure 8) (photo n° 11, page 232).

Voilà! Votre chef-d'œuvre est prêt à être utilisé (photo n° 12, page 232).

FIGURE 8
Bras de soutien du couvercle de droite
(vue de l'intérieur)

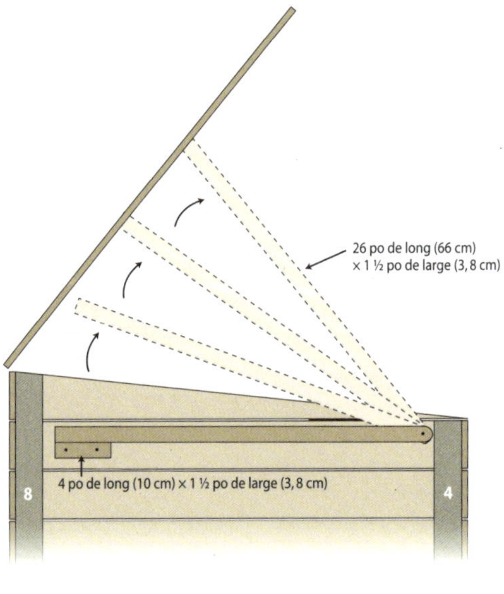

1

Section arrière du composteur

2

Loquet de la porte de gauche

3

Intérieur de la porte de gauche

4

Section avant (intérieur)

5

Section avant (extérieur)

6

Partie avant de la planche coupée en diagonale et clouée sur la dernière planche à travers le petit bloc de bois

7

Côté droit du composteur

8

Installation du grillage

9

Dessous du couvercle de droite

10

Installation des charnières

11

Bras de soutien de droite

12

Composteur terminé

BIBLIOGRAPHIE

Ball, Liz, *Compostage, Enrichir le sol naturellement*, Modus Vivendi, 1999, 124 pages.

Buch, Walter, *Le ver de terre au jardin*, Ulmer, 1991, 124 pages.

Campbell, Stu, *Let it Rot, The Gardener's Guide to Composting*, Storey Books, 1998, 153 pages.

Chamard-CRIQ-Roche, *Caractérisation des matières résiduelles au Québec*, 2000, 454 pages.

Collaert, Jean-Paul, *Lombricompost pour tous*, Éditions de Terran, 2009, 128 pages.

Dumas, Maurice, *Les vers. Des croyances populaires au lombricompostage*, Berger, 1996, 216 pages.

Dumont, Bertrand, *Les niches écologiques des vivaces et plantes herbacées,* Bertrand Dumont Éditeur, 2005, 447 pages.

Duplesssis, Josée et coll., *Le compostage facilité*, Nova Envirocom, 2002, 107 pages.

Ebeling, Eric et coll., *Basic composting: All the Skills and Tools You Need to Get Started* Stackpole Books, 2003, 87 pages.

Gagnon, Yves, *La culture écologique pour petites et grandes surfaces,* 3e édition, Les Éditions Colloïdales, 2003, 224 pages.

Heynitz, Krafft Von, *Le compost au jardin*, Terre Vivante, 2e édition, 1991, 127 pages.

Martin, Deborah L. et Grace Gershuny, *The Rodale Book of composting: Easy methods for every gardener*, Rodale Press, 1992, 278 pages.

Michaud, Lili, *Mon potager santé*, Éditions MultiMondes, 2e édition, 2013, 363 pages.

Michaud, Lili et Édith Smeesters, *Guide de l'eau au jardin*, Éditions MultiMondes, 2011, 149 pages.

Michaud, Lili, *Le jardinage éconologique. Quand économie rime avec écologie*, Éditions MultiMondes, 2004, 178 pages.

Mustin, Michel, *Le compost. Gestion de la matière organique*, Éditions François Dubusc, 1987, 954 pages.

Nancarrow, Loren et Janet Hogan Taylor, *The Worm Book: the complete guide to gardening and composting with worms*, Ten Speed Press, 1998, 150 pages.

Pépin, Denis, *Compost et paillage au jardin, recycler, fertiliser*, Terre Vivante, 2005, 160 pages.

Renaud, Michel, *Fleurs et Jardins écologiques. l'Art d'aménager des écosystèmes*, Bertrand Dumont Éditeur, 2005, 352 pages.

Smeesters, Édith, *Guide du jardinage écologique*, Broquet, 2013, 341 pages.

Smeesters, Édith et coll., *Le compostage domestique. Comment transformer vos déchets en mine d'or pour le jardin*, Éditions Fleurs Plantes Jardins, 1993, 44 pages.

Sulzberger, Robert, *Le compost et les engrais*, Chantecler, 1996, 84 pages.

ARTICLES

Duval, Jean, *L'effet phytosanitaire des composts*, Conseil des productions végétales, Colloque sur l'agriculture biologique, 1998.

Ingham, Elaine (traduit de l'anglais par Andrée Deschênes), *Thé de compost oxygéné*, Ecofarm and Garden, 2002.

Pedneault, André, « Les activateurs à compost », *Québec Vert*, août 1997.

Pedneault, André, « Les effets du compost sur les plantes », *Québec Vert*, octobre 1994.

Pedneault, André, « Les effets du compost dans le sol », *Québec Vert*, octobre 1994.

Pedneault, André, « Les phases de maturation d'un compost », *Québec Vert*, novembre 1994.

Renaud, Michel, « Où, quand et combien ? » *Québec Vert*, octobre 1994.

AUTRES OUVRAGES

Bilan de la gestion des matières résiduelles au Québec, Recyc-Québec, 2012.

Compostage et utilisation du compost en agriculture biologique, notes de cours Env-22729, Beauchamp, Chantal J., Université Laval, 2005.

Caractérisation des matières résiduelles du secteur résidentiel au Québec 2012-2013, Recyc-Québec, 2015

Document technique sur la gestion des matières organiques municipales, Environnement Canada, 2013, 243 pages.

Guide de référence en fertilisation, 1re édition, Centre de référence en agriculture et agroalimentaire du Québec, 2003, 297 pages.

Guide sur la collecte et le compostage des matières organiques du secteur municipal, Recyc-Québec, 2006.

Guide sur le recyclage des matières résiduelles fertilisantes. MDDELCC, 2015, 212 pages.

Guide technique pour le compostage sur site en I.C.I. Fortin, Alexis et Louise Hénault-Ethier avec la collaboration de Lili Michaud et Caroline Vallière, Recyc-Québec, 2009, 315 pages.

Ligne directrice pour l'encadrement des activités de compostage. MDDEP, 2012,

Loi sur les engrais, Agence Canadienne d'inspection des aliments, www.inspection.gc.ca.

On-Farm Composting Handbook, Natural Ressource and Engineering Service, 1992, 186 pages.

RESSOURCES

Pour toutes informations concernant les services de Lili Michaud (cours, conférences, livres) et pour des liens utiles concernant le compostage, les composteurs, les vermicomposteurs, etc. : www.lilimichaud.com

GLOSSAIRE

Acidophile: (adj.) Se dit d'une plante qui se développe bien sur les sols acides. Ex.: rhododendron, bruyère, bleuet.

Adventice: (adj.) Qui croît sur un terrain cultivé sans avoir été semé ou planté.

Aération: (n.f.) Processus par lequel l'air pauvre en oxygène présent dans le compost est remplacé par de l'air provenant de l'atmosphère.

Aérobie: (adj.) Se dit d'un micro-organisme ou d'un phénomène qui consomme de l'oxygène ou d'un milieu pourvu d'air.

Anaérobie: (adj.) Se dit d'un micro-organisme qui se développe en l'absence d'air ou d'un milieu dépourvu d'air.

Andain: (n.m.) Système d'accumulation où la matière est disposée en tas allongé et habituellement de forme triangulaire.

Aoûtement: (n.m.) Lignification des jeunes pousses des végétaux ligneux, correspondant à un ralentissement de la circulation de la sève et à une accumulation de réserves. Comme son nom l'indique, l'aoûtement a lieu vers le mois d'août.

Biogaz: (n.m.) Sous-produit gazeux de la digestion anaérobie. Les principaux composants des biogaz sont le dioxyde de carbone (CO_2) et le méthane (CH_4)

Biomasse: (n.f.) Masse totale d'origine animale ou végétale, morte ou vivante, présente à un moment donné dans un lieu donné (Mustin, 1987).

Biosolide : (n.m.) Produit organique obtenu après le traitement physicochimique ou biologique des eaux usées. Syn. : boue d'épuration.

BRF : (n.m.) Acronyme de bois raméal fragmenté, qui provient de la taille des branches dont le diamètre est de moins de 7 cm.

Déchet ultime : (n.m. et adj.) Déchet qui n'est plus valorisable par recyclage ou pour produire de l'énergie selon les technologies existantes et qui doit être stocké par enfouissement ou par d'autres techniques.

Digestat : (n.m.) Matière solide ou semi-solide restante à la suite de la digestion anaérobie.

GES : (n.m.) Acronyme de gaz à effets de serre. Les principaux sont le dioxyde de carbone (CO_2), le méthane (CH_4), l'oxyde nitreux (N_2O), les chlorofluorocarbones (CFC).

Herbicyclage : (n.m.) Action de recycler l'herbe, consistant à laisser les résidus de gazon sur le terrain après la tonte, retournant ainsi au sol l'eau et les éléments nutritifs contenus dans l'herbe.

Humus : (n.m.) Fraction des matières organiques qui restent dans le sol après décomposition de la plus grande partie des débris végétaux et animaux incorporés au sol. Ces matières ont généralement une couleur foncée (source : Agriculture et Agroalimentaire Canada).

LES : (n.m.) Acronyme de lieu d'enfouissement sanitaire. Lieu de dépôt définitif où l'on décharge, compacte et recouvre les matières résiduelles.

LET : (n. m.) Acronyme de lieu d'enfouissement technique. Il s'agit d'un lieu d'enfouissement conçu pour limiter au maximum les risques de pollution et l'impact sur l'environnement.

Lessivage : (n.m.) Entraînement par l'eau des plus fines particules d'un sol et des matériaux solubles.

Lixiviat : (n.m.) Solution résiduelle contenant des substances solubles extraites d'un mélange de corps solubles.

Matière organique : (n.f.) Matière spécifique des êtres vivants végétaux et animaux (Mustin, 1987).

Mycélium : (n.m.) Appareil végétatif des champignons formé de filaments souterrains ramifiés.

Pathogène : (adj.) Qui peut causer une maladie.

Pesticides : (n.m.) Produit ou mélange de produits destinés à détruire ou à éloigner un organisme vivant jugé nuisible. Parmi les pesticides, on trouve les insecticides pour lutter contre les insectes, les fongicides pour lutter contre les maladies causées par des champignons et les herbicides utilisés pour détruire les plantes adventices.

pH : (n.m.) Acronyme de potentiel hydrogène. Mesure qui caractérise l'acidité ou l'alcalinité d'un milieu.

Photosynthèse : (n.f.) Chez les plantes vertes et certaines bactéries, processus de fabrication de matière organique à partir de l'eau et du gaz carbonique de l'atmosphère utilisant la lumière solaire comme source d'énergie et qui produit un dégagement d'oxygène (source : *Le Petit Larousse illustré*).

Putrescible : (adj.) Matière organique susceptible de se dégrader rapidement.

Rhizome : (n.m.) Tige souterraine vivace, souvent horizontale, émettant chaque année des racines et des tiges aériennes.

Valorisation : (n.f.) Transformation, réemploi, recyclage, régénération ou toute autre action visant à obtenir des éléments ou des produits utiles à partir des matières résiduelles.

INDEX

D

E

F

V

MARQUIS

Québec, Canada

RECYCLÉ
Papier fait à partir de matériaux recyclés
FSC® C103567
FSC
www.fsc.org

Imprimé sur du papier Enviro 100% postconsommation
traité sans chlore, accrédité ÉcoLogo et fait à partir de biogaz.

100%

PERMANENT

BIO GAZ
ÉNERGIE